SF는
인류 종말에
반대합니다

'엉뚱한 질문'으로 세상을 바꾸는 SF 이야기

김보영, 박상준 지음 | 이지용 감수

지상의 책

나와 너, 그리고 우리 주변의 이야기

 'SF Science Fiction'는 과학적 상상력을 가지고 엮어 나간 이야기이다. 과학이 우리의 주변을 이해할 수 있는 가장 발달한 언어라고 한다면 이야기는 그 언어를 설명해 줄 수 있는 가장 대중적인 방법이다. 그렇기 때문에 SF를 통해 접하는 이야기들은 복잡한 수식들을 이해하지 못해도, 코딩 교육을 받지 않았더라도 우리 주변의 것들에 대한 정체를 짐작하고 인식할 수 있게 해 준다.

 아마도 이러한 이유 때문에 SF란 장르가 나타나게 되었을 것이다. 그리고 SF와 과학은 지난 세기 동안 상상력의 제공과 실제화라는 관계를 통해 사회의 변화를 만들어 왔다. 그것이 근대 이후 세계사의 거대한 흐름이고, 지금도 계속되고 있는 양상이다. 하지만 한국에서는 이러한 정보들이 상대적으로 부족했다. 그래서 우리는 상상과 이야기는 허황된 것으로, 과학은 마냥 어렵기만 한 것으로 오해했던 것이다.

 이 책은 그러한 오해들을 푸는 단서가 될 것이다. 여기서 등장하는 SF 작품들은 멀게는 18세기 후반부터 가깝게는 바로 몇 년 전에 이슈가 되었던 작품들이다. 많은 경우 영국과 미국에서 시작된 이야기이지만 러시아와 일본과 중국을 지나 현재 한국에서 만들어지고 있는 이야기까지도 일람한다. 그동안 한국에서는 잘 알려지지 않았던 SF가 오랜 시간 동안 다양한 모습으로 존재해 왔었다는 것을 알 수 있을 것이다.

게다가 그것이 우리와 매우 가깝다는 사실을 짐작할 수 있다는 것이 이 책에서 얻을 수 있는 가장 큰 장점이다. 여기서 등장하는 이슈들은 다양한 방향성을 가지고 있다. 기술이 발달하면서 변화한 생활의 모습들, 그것으로부터 파생된 사회적인 문제, 인간의 존재에 대한 철학적 사유, 페미니즘을 비롯한 젠더 이슈와 이른바 인류세Anthropocene 시대의 새로운 가치들도 포함된다.

SF는 단순히 취향일 수도 있지만, 현대 사회에 대한 통찰력을 얻기 위한 효율적인 방법론이기도 하다. 그리고 이 효율성이라는 것은 마법과 같거나 난해하다고 생각했던 것들을 자유롭게 활용해 상상하고 뒤집어 보는 재미 또한 제공한다. 그러한 유희를 즐기다 보면 다양하고 복잡했던 가치들에 대한 고정 관념들역시 해소할 수 있을 것이다. 조금 더 관심이 생겨 이 책에서 언급된 작품들을 따라가다 보면 어느새 인류가 상상해 왔던 과학적 상상력의 커다란 맥락들을 짐작할 수 있을 것이다.

건국대학교 몸문화연구소 연구교수 **이 지 용**

세계와 우주를 보는 시야를 확장하는 토론의 즐거움

이 책은 일반 대중에게 수집한 질문을 중심으로 구성했습니다. 그분들이 이 책의 기획위원인 셈이지요.

그 질문을 주제별로 분류해 챕터를 만들고, 김보영과 박상준, 그리고 갈매나무 대표님과 김시형, 이지혜 편집자님과 함께 정기적으로 출판사에 모여서 토론을 했습니다. 그리고 다시 이 토론을 재구성하여 간단한 스토리를 만들었지요.

김보영과 박상준의 대화는 신작가, 구공순, 장상덕 세 명에게, 대표님과 편집자님들의 질문과 대화는 서기자와 정직원에게 나누어 넣었습니다. 그렇다고 딱 정확하게 나눈 건 아닙니다. 토론을 기반으로 캐릭터에 맞추어 적당히 새로 창작을 했다고 생각해 주세요.

읽기에 재미있었으면 좋겠고, 청소년 여러분들이 SF에 관심을 갖게 되는 계기가 되는 책이었으면 좋겠습니다. 또 가끔은 이 책에 수록된 질문으로 친구들과 모여 함께 토론을 해 주신다면 더욱 기쁘겠습니다. 그래서 봉봉이 무사히 임무를 마치고 미래로 돌아갈 수 있도록 해 주세요.

김 보 영

○ ○ ○

21세기에 태어나 자라고 있는 여러분들에게 두 가지를 기대합니다.

우선, 기성세대의 가치관이나 사고방식을 무비판적으로 받아들이지 마세요. 21세기는 기성세대가 태어나서 교육받고 자란 20세기와는 근본적으로 다른 세상입니다. 과학 기술의 가속 발달 때문에 모든 환경이 변하고 있습니다. 과거의 경험을 그대로 연장해서 적용하기에는 모든 조건들이 다 너무나 다르게 변해 가고 있습니다.

다음으로는 여러분들이 상상력을 마음껏 발휘해서 21세기에 맞는 새로운 세계관과 철학을 빚어 주길 바랍니다. 새로운 과학 기술을 받아들이는 것도 필요하지만 그보다는 그에 따른 인간과 사회의 변화가 훨씬 더 중요합니다. 21세기 사회의 구성원들은 과학적 상상력보다 윤리적, 철학적 상상력을 키우는 데에 더 관심을 가져야 옳습니다.

이 책은 위와 같은 기대에 조금이나마 도움이 되었으면 하는 마음으로 기획한 것입니다. SF는 이전부터 과학 기술의 발달이 인간의 가치관이나 철학의 외연을 얼마나 넓힐 수 있는지 탐구해 왔습니다. 이 책에서 제시한 여러 질문과 주제들을 주변 사람들과 함께 깊이 토론해 보고 각자 세계와 우주를 보는 시야를 확장하기 바랍니다.

박 상 준

추천의 글 4

작가의 말 6

프롤로그 10

Chapter 0 어떤 인공지능이 사람처럼 보인다면 인격을 갖고 있다고 봐야 할까?　14

1부 나는 인간이다

Chapter 1 나는 너를 기억해, 인간이니까　30
– 기억은 인간의 전유물일까?

Chapter 2 대체 어디까지가 인간인 건데?　50
– 인간처럼 생각하는 인공지능이 있다면

2부 나와 다른 너

Chapter 3 자기가 믿는 성별이 진짜 성별이다　78
– 젠더에 대한 SF적 상상

Chapter 4 지금껏 생각해 보지 않았던 것을 계속 상상해야 하는 이유　98
– 미래 기술이 만드는 새로운 철학

Chapter 5 모든 사람이 서로의 생각을 읽을 수 있게 된다면　118
– 인류는 어떤 방식으로 진화하게 될까?

3부 우리는 영원하지 않다

| Chapter 6 | 우리는 멸종할까, 변화할까? | 148 |
| | – 인류의 종말과 미래에 대하여 | |

| Chapter 7 | 인간은 죽으면 어디로 가나요 | 173 |
| | – 사후 세계에 대한 믿음 | |

4부 이상하고 아름다운 세상으로

| Chapter 8 | 행성을 넘고 은하를 건너 | 182 |
| | – 인류는 우주로 진출할 수 있을까 | |

| Chapter 9 | 만나서 반갑습니다, 외계인 씨 | 206 |
| | – 지금 당장 우주의 다른 생명체와 만날 수 있다면 | |

| Chapter 10 | 과거의 나에게 로또 번호를 알려 주고 싶어 | 222 |
| | – SF는 시간 여행을 어떻게 그릴까 | |

에필로그 239
도움 주신 분들 246

"전 미래에서 왔습니다."

로봇이 말했다.

어린애 키만 한 작은 몸에 동글동글한 체형에 눈이 땡그란 것이 제법 귀엽게 생긴 로봇이었다.

"아, 그러세요."

화장실에 다녀오던 부스스한 머리에 너저분한 옷차림의 신작가는 아이폰으로 로봇을 찰칵 찍고는 자리로 돌아와 길게 하품을 했다.

서울 근교의 한 문화 센터. 서른 명이 앉을까 말까 한 자그마한 강의실이다. 지하철도 끊긴 밤 열두 시, 강의실에는 '밤샘 고전 SF 단편 영화제'라는 플래카드가 붙어 있었고 컴퓨터 하나와 프로젝터 하나로 띄운 화면에 열악한 화질의 흑백 영화가 상영 중이었다.

이십 분가량의 휴식 시간, 온 사람도 반은 빠지고 그나마도 야식을 즐기러 나간 참이라, 강의실에 남은 사람은 다섯 명뿐이다. 아니, 다섯 명과 로봇 하나.

"덕후 중에서도 상덕후 아니면 안 올 법한 이런 초마이너한 SF 영화제에 누가 저리 비싸 보이는 인형을 갖다 놨대?"

신작가가 자리에 앉으며 말하자 옆자리에서 코를 도로롱 골며 자던 장상덕은 깜짝 놀라 깨서는 입맛을 다시며 뒤를 돌아보았다. 로봇은 나

름대로 강의실에서 가장 좋은 자리를 차지하고 멀뚱멀뚱 앉아 있었다.

"저거 언제부터 있었어?"

"우리 왔을 때엔 없었지? 저거, 말도 해."

신작가는 아이폰 사진이 잘 찍혔나 확인하며 말했다.

"녹음해 놨거나 누가 스피커로 어디서 말하고 있겠지. 저런 거 갖다 놓을 돈 있으면 프로젝터라도 좀 좋은 거 갖다 놓지."

장상덕은 의자에 거꾸로 앉아 등받이에 고개를 올려놓고는 로봇을 꼼꼼히 살폈다.

"저거 그거 닮았다."

"뭐?"

"페퍼. 그 '감정이 있는 로봇' 말야. 똑같지는 않은데 거기서 더 개량한 것 같아."

 공순의 과학 Talk!

페퍼

2015년 일본 소프트뱅크가 인수한 프랑스 로봇 회사 알데바란에서 만들고 IBM의 인공지능과 AGI사의 감정 지도 기술을 가진 휴머노이드야. 소프트뱅크에 의하면 페퍼는 시각, 청각, 촉각 등의 센서로 인간의 감정을 해석할 수 있고, 생후 3개월에서 6개월 정도 된 아기의 감정을 표현할 수 있어.

"로봇에게 무슨 감정이 있겠냐."

거대한 텀블러에 커피를 한가득 채우고 지나가던 구공순이 둘의 대화에 끼어들었다.

"여러분, 저는 미래에서 왔습니다."

뒤에 앉아 있던 로봇이 다시 말했다.

신작가

SF 작가 지망생. 소설 소재를 찾으러 왔다.

지식 3 덕력 3 상상력 6

장상덕

덕 중의 덕, 상덕. SF라면 가리지 않고 보는 덕후로 다른 친구들을 꼬셔서 이 영화제에 오게 했다.

지식 2 덕력 8

구공순

자칭 척척박사, 천재 과학도. 신작가와 장상덕 두 친구들에게 속아서 이 '초마이너한' SF 영화제에 왔지만 집에도 못 가고 춥고 배고프고 기분이 몹시 음울하다. 오늘 본 모든 영화에 불만이 많다.

지식 10 덕력 0

봉봉

미래에서 왔다고 주장하는 로봇. 자기를 도와 주지 않으면 인류가 멸망한다고 하는데······.

워밍업

어떤 인공지능이 사람처럼 보인다면 인격을 갖고 있다고 봐야 할까?

질문 1: 로봇이 감정을 가질 수 있을까요?

"그야 모르지. 과학자가 '가능하다'고 하면 대부분 맞지만 '불가능하다'고 말하면 대부분은 틀리다고 하잖아."

신작가가 말하자 구공순이 턱으로 화면을 가리키며 말했다.

"방금 우리가 본 그 영화 진짜 엉터리야. 죽은 아빠의 기억을 로봇에게 넣어서 아들을 도우러 온다니 말이 돼? 로봇에게 사람의 인격을 넣는다고? 고려해야 할 점이 너무 많아."

"뭘 그런 걸 따지면서 SF를 보니."

"그런 걸 따지지 않으면 뭐 하러 SF를 보냐."

구공순은 두 사람 옆에 털썩 앉았다.

 생물과 기계는 구조적으로 달라. 기본적인 차이를 말하자면, 생물은 병렬로 생각하고 기계는 직렬로 생각해.

 그게 무슨 뜻인데?

 생물은 모든 정보를 한 번에 처리해. 기계는 모든 정보를 순서대로 처리하지. 무슨 말이냐면, 사람은 태어나 단 한 마리의 고양이밖에 본 적이 없다고 해도 그것과 완전히 다르게 생긴 다른 종의 고양이를 보면 그것도 고양이인 줄 알아. 하지만 기계는 두 번째 생물도 고양이라는 걸 알아보려면 무수히 많은 고양이 데이터를 전부 비교해 평균을 내야 하고, 그래도 계속 실수를 할 거야.

 반대로 기계는 수십 단위의 곱셈도 빛의 속도로 하겠지만 사람은 막대한 시간이 걸리고 그래도 실수를 하겠지. 19세기에 영국의 수학자 윌리엄 샹크스Wiliam Shanks 는 15년이 걸려 원주율 값

을 소수점 이하 707자리까지 계산했지만 528자리에서부터 계산이 틀렸어. 컴퓨터라면 1초도 안 걸릴 거고 절대로 실수하지 않겠지.

보통 사람이 무슨 수학자가 528자리에서 계산이 틀렸다는 걸 외우고 다니냐?

애가 좀 숫자 변태잖아.

네가 줄줄 읊고 다니는 SF 목록도 충분히 변태스러워.

컴퓨터의 계산 능력은 1994년에 이미 인류 전체의 계산 능력을 합한 것을 넘어섰지만 여전히 지구상에 있는 모든 컴퓨터를 합쳐도 인간 한 명의 뇌의 복잡성을 넘어서지 못해. 그런 거야. 뇌와 컴퓨터는 둘 다 믿을 수 없이 복잡하지만 완전히 다른 복잡성을 갖고 있다는 거지. 그러니 로봇은 인간과 같은 감정을 갖지 않아. 감정이 있는 것처럼 보여도 결국은 흉내 내기에 불과해.

아냐, 그건 여전히 몰라.

○ ○ ○

"안녕하세요, 여러분. 저는 미래에서 왔어요."

로봇이 지나가는 사람을 붙들고 말했다.

"미래에서 뭐 하러 이런 재미없는 영화제를 보러 왔는데?"

로봇은 잠깐 눈을 동그랗게 뜨며 삐삑 소리를 냈다. 당황한 것처럼 보였다. 로봇은 한참 생각하는 얼굴을 하더니 답했다.

"어……. 그게, 잘못 왔나 봐요."

"나도 잘못 왔는데."

서기자는 카메라로 로봇을 찰칵하고 찍었다.

"포스터 광고 문구가 요란하길래 무슨 대단한 영화제인 줄 알고 취재하러 왔는데 '재미없는 영화를 얼마나 오랫동안 견딜 수 있는가' 모임이었잖아."

서기자는 스크린을 힐끗 보았다.

"다섯 시간째 보고 있는데 무슨 말인지 알 수 있는 영화가 하나도 없어. 이런 영화들을 진심으로 보고 있는 사람들은 대체 뭐 하는 사람들이야?"

서기자는 잠깐 생각해 보다 말했다.

"그 사람들이나 취재하고 가 봐야겠네."

서기자가 종종걸음으로 계단을 내려가는 것을 보며 로봇이 서글픈 목소리로 말했다.

"여러분, 저는 도움이 필요해요."

질문 2: 로봇이 인격을 가질 수 있을까요?

구공순은 잠깐 생각해 보다가 되물었다.

"왜?"

"인격이나 자아를 말할 때에는 언제나 맹점이 있어. 우리가 확인할 수 있는 자아가 '나' 개인 자신의 것밖에 없다는 거지. 우리는 모든 인간이 자아를 갖고 있다고 생각은 하지만, 확인할 방법은 없어. 그냥 추측하는 거지. 거꾸로, 내가 자아를 갖고 있다는 것을 누군가에게 증명할 방법도 없어. 튜링 테스트 알지?"

 알지.

이 테스트의 전제는 어떤 인공지능이 사람처럼 보인다면 그 컴퓨터는 인격을 갖고 있다고 본다는 거야.

 그게 테스트의 한계지.

그렇지 않아. 사람도 마찬가지야. 우리가 그 사람이 인격을 갖고 있다는 것을 확인할 방법은 그것밖에 없어. '인격이 있는 것처럼 보이는 것.'

 공순의 과학 Talk!

튜링 테스트

컴퓨터의 아버지 앨런 튜링Alan Turing 이 고안한, 인공지능이 인격을 갖고 있는지 확인하는 테스트야. 이 테스트의 전제는 "컴퓨터의 반응을 인간과 구분할 수 없다면 컴퓨터는 생각을 할 수 있는 것으로 보아야 한다." 라는 것이지. 왜 그런지는 작가와 내 대화를 들어 봐!

 누가 감정을 갖고 있는지 없는지, 인격이 있는지 없는지, 결국 우리가 알 방법은 없다는 거야. 그렇다면 반대로, '인격이 있는 것처럼 보인다면 인격이 있다'라고 가정하는 게 오히려 더 과학적일 수 있다는 거지.

"재미있는 이야기들을 하네요."

서기자가 신작가 옆에 털썩 앉았다.

"이런 재미없는 영화제에는 원래 이런 수다를 떨러 오나 봐요?"

"재미없다니요!"

장상덕이 발끈했다.

"하나같이 역사적 의미가 있는 명작들이라고요!"

"자고 있었잖아."

신작가가 핀잔을 줬다.

"아까 밥을 많이 먹어서 그래."

"저도 이분 말마따나 기계에 사람 인격을 넣는 건 안 될 것 같아요."

서기자가 구공순을 가리키며 물었다.

"반대는 어때요? 사람 몸에 컴퓨터를 넣을 수 있을까요?"

"마찬가지죠. 더 어려워요. 우리는 컴퓨터의 작동 원리만큼 뇌의 작동 원리를 이해하지 못하니까요."

구공순이 말했다.

"신체와 정신을 얼마나 분리해서 생각할 수 있다고 봐요? 우리가 인격이나 감정이라고 생각하는 많은 부분이 사실 생물학적인 문제예요. 뇌가 도파민을 쏟아내면 행복해지고, 세로토닌이 부족하면 우울해지죠.

뇌의 능력 차이도 있잖아요. 생각해 봐요. 뇌 기능에 장애가 있어 바보의 지능을 가진 사람에게 천재의 인격을 넣는다고 천재가 되겠어요?"

"존 스칼지의 《노인의 전쟁》에 나오는 이야기네."

장상덕이 끼어들었다.

"소프트웨어가 같아도 하드웨어가 달라지면 다른 기능을 한다는 거지?"

 상덕의 SF Talk!

《노인의 전쟁》 존 스칼지 John Scalzi , 2005

젊은이의 몸에 노인의 영혼을 넣어서 전쟁터에서 용병으로 쓰는 시대를 배경으로 하는 이야기예요. 주인공은 아내의 영혼이 들어가 있는 젊은 여자를 만나요. 이 사람은 아내와 같은 사람일까요? 다른 몸에 같은 인격을 넣으면 같은 사람일까요?

중간 인물 소개

서기자
SF는 평생 읽어 본 적도, 본 적도 없는 문화부 기자.
광고 문구에 속아 이 영화제에 취재를 하러 왔다.

호기심　　정리력　　덕력

3　　7　　0

"존…… 누구요? 노인의 뭐?"

서기자가 어리둥절해하는 새에 신작가가 말을 받았다.

"그러고 보니까《공각기동대》가 바로 이런 이야기를 하지 않아?"

 작가의 SF Talk!

《공각기동대》 시로 마사무네 士郎 正宗, 1989

사이보그 의체 안에 들어간 주인공은 자신이 누구인지 끝없이 의심해요. 자기가 과연 누구인가에 대해서요.《공각기동대》의 영어 제목은 '고스트 인 더 셸The Ghost In The Shell '이에요. 껍질 속의 유령이라는 뜻이죠. 나는 껍질 속에 있는 유령일까요, 아니면 껍질이 나일까요?

"《공각기동대》속 세계에서는 사람에게 가짜 기억을 입력하는 범죄가 들끓잖아. 완전히 거짓인 기억을 입력받은 사람이 있다면, 그 사람은 누구라고 해야 할까? 기억이 바뀌어도 본인일까? 아니면 그 후에는 다른 사람이라고 불러야 할까?"

"하아."

구공순은 머리를 저었다.

"SF, SF, SF. 됐어. 나는 현실적이고 과학적인 세상에서 살고 싶어. 아무튼 이런 파리 날리는 영화제가 무슨 인생에 한 번밖에 없는 기회라고 데려오다니 내가 친구를 잘못 사귀었지. 이야기들 나눠라. 나는 영화나 계속 볼 테니."

구공순은 자리를 떴고 자기 자리인 맨 앞자리로 가서 앉았다. 장상덕은 아랑곳 않고 신이 나서 떠들기 시작했다.

 상덕의 SF Talk!

〈내가 행복한 이유〉 그레그 이건 Greg Egan, 1997

《하드 SF 르네상스 2》에 수록된 이 소설에서는 뇌종양이 생겨서 두뇌 일부를 잘라내고 인공 뇌세포로 바꾸어야 하는 주인공이 등장해요. 그런데 인공 뇌세포에 죽은 사람들의 생전 기억을 이식해 넣는 바람에 수술 이전 과 이후는 사실상 다른 사람이 되어 버리죠.

"흠, 이제야 슬슬 재밌어지네요."

서기자는 노트와 수첩을 꺼내 들었다.

"영화보다 이쪽이 더 재밌겠어요. 세상에서 제일 재미없는 영화제를 보러 온 관객과의 재미있는 대화……. 아니, 기사에 그런 제목을 달겠다 는 건 아니고요. 다른 비슷한 소설이 있나요? 뭐라고 해야 하나, 머리를 바꾸는?"

장상덕은 신이 나서 답을 이었다.

 상덕의 SF Talk!

《앨저넌에게 꽃을》 대니얼 키스 Daniel Keyes, 1966

바보였던 사람이 수술을 통해 천재가 되는 이야기예요. 주인공은 뒤에 자기가 천재가 되도록 해 준 뇌과학을 연구해서 세계적인 석학들 뺨치는 업적을 쌓다가, 결국 다시 머리가 점점 퇴화해서 원래의 바보로 돌아가죠.

다시 바보가 된 주인공이 자신과 같은 실험의 대상이었던 죽은 생쥐의 무덤에 꽃다발을 놓아 달라고 부탁하죠.

그 소설에 재미있는 점이 있어요. 천재가 된 뒤에 주인공은 예전의 바보였던 사람과 자신을 같은 사람으로 생각하지 않아요. 다른 사람에게서 몸을 빼앗았다고 느끼고, 예전의 바보에게 몸을 돌려주어야 한다는 강박에 휩싸이죠.

으흠, 그 이야기를 들으니 예전에 본 기사가 떠오르네요. 외국의 어느 대학 교수가 사고로 머리를 다친 뒤 머리가 나빠져서 더 이상 교수 일을 계속할 수가 없었다고 해요. 하지만 계속 그 대학에서 일하고 싶어서 청소부로 취직했대요. 그 사람은 자신을 규정하는 정체성이 완전히 변했어요. 그래도 여전히 우리는 그 사람을 같은 사람으로 보잖아요.

그게 다중 인격을 진단하기 어려운 이유기도 하지요. 우리는 인격이 끊어지는 지점에 대해 아직 잘 몰라요.

기억이 끊어지는 지점이 아닐까요?

그렇다면 기억을 잃은 사람도 이전과 다른 사람인가요?

흠, 아니, 잠깐만. 나만 해도 다섯 살 이전 기억은 별로 없는데,

다섯 살 이전의 나도 여전히 나잖아요.

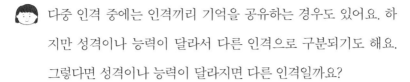 다중 인격 중에는 인격끼리 기억을 공유하는 경우도 있어요. 하지만 성격이나 능력이 달라서 다른 인격으로 구분되기도 해요. 그렇다면 성격이나 능력이 달라지면 다른 인격일까요?

그것도 아닌 것 같네요. 내가 갑자기 성격이 더러워진다고 다른 사람이 되는 건 아니잖아요. 내가 갑자기 지금부터 정신 차리고 공부를 열심히 해서 머리가 좋아지거나 새 기술을 배운다고 다른 사람이 되는 것도 아니고.

어떤 면에서는 다른 사람이 된다고 볼 수도 있지만요.

서기자는 생각에 잠겼다.

"그래요. 우리는 보통 한 몸에 있으면 계속 같은 인격이라고 생각하지요. 하지만 우리가 몸을 바꿀 수 있다고 가정하면 그 전제가 전부 흔들리는군요. 정말로 인격이란 게 뭔지 헷갈리기 시작하는데요."

"그게 SF의 멋진 점이죠."

장상덕이 말했다.

"낯선 세계를 보여 주거나 낯선 상황을 가정하면서, 역으로 현실을 더 투명하고 명확하게 보게 해 주는 거죠."

그런데 현실을 더 투명하고 명확하게 봐서 뭘 하는데요? 우리는 그러지 않아도 잘 살고 있잖아요.

음, 저는 동의하지 않아요. 잘 살고 있는 사람은 많지 않아요.

다중 인격 장애를 겪는 사람이나 정신 장애를 겪고 있는 사람은 잘 살고 있을까요? '나는 그런 장애가 없으니' 잘 살고 있다고 생각할지 모르지만, 그렇지 않아요. 우리는 누구나 조금씩 모자라거나 남들만큼 갖지 못했어요. 약하거나 평범하지 않은 점들을, 그래서 이해받지 못하는 부분들을 갖고 있죠. 그런 점에서 잘 살고 있지 않아요.

흠, 그래서요?

그래서 현실을 더 투명하고 명확하게 볼 필요가 있는 거죠. 서로의 평범하지 않은 면들을 더 잘 이해하기 위해서요.

우리가 지금은 인격에 대해서만 말했지만…….

장상덕이 신이 나서 답했다.

SF가 다루는 영역은 무궁무진해요.

좋아요. 그러면 이런 질문은 어떻게 생각하세요?

'로봇에게 사람의 인격을 넣으면, 그 로봇은 인간일까?'

흠, 재미있는 질문이네요.

그런 이야기를 다루는 SF도 무궁무진하고요. 내가 시간만 있으면 밤새도록 소개할 수 있는데.

"여러분, 저는 미래에서 왔습니다."

로봇이 말했다. 서기자가 힐끗 뒤를 돌아보며 물었다.

"저거 고장 난 거 아니죠?"

세 사람이 뒤를 돌아보았다.

"누가 갖다 놓은 거예요?"

"글쎄요?"

"저는 미래에서 왔습니다. 여러분이 도와주지 않으면 인류는 멸망합
니다."

세 사람이 서로를 돌아보았다.

"인류가 멸망한다네?"

"무슨 퀘스트 같은 건가 봐. 풀면 상금 주는 거 아냐?"

"이거 추리 영화제였어요?"

우리는 다른 사람의 '주관'을 확인할 수 없어요. 그렇기 때문에 어떤 로봇이 인격을 가진 것처럼 보인다면 인격을 가진 것으로 보아야 해요. 그러면 만약 어떤 로봇이 우리와 완전히 똑같이 생각하고 행동한다면 사람들 입장에서는 그 로봇이 우리와 같은 사람이라고 보아도 무방하지 않을까요?

1부

나는 인간이다

나는 너를 기억해, 인간이니까

– 기억은 인간의 전유물일까?

 "인류가 멸망한다고?"

로봇 뒤에 앉아서 스마트폰을 토닥이던 직원이 고개를 빼 들고 물었다.

"안 되는데. 나 내년에 공무원 시험 있는데."

"내년은 괜찮아요. 그건 앞으로 50년 뒤에 일어날 일이니까."

"아, 다행이다."

직원은 로봇의 말에 방긋이 웃었다가 시무룩해졌다.

"연금은 못 타 먹겠네."

"쟤 지금 사람 말에 반응한 거야?"

맨 앞에 앉아 있던 구공순이 바람처럼 달려 나와 로봇을 이리저리 살폈다.

"그럴 리가 없지. 만들고 있긴 하지만 우리나라에 있다는 이야긴 못 들었는데. 아니, 있어도 그런 비싼 게 이런 데 있을 리가 없지. 잠깐, 이건 말도 안 돼. 이거 몰래카메라지?"

"50년 뒤에는 저 같은 로봇이 거의 집집마다 있어요."

로봇이 답했다.

"저거 진짜로 사람하고 대화를 하잖아?"

신작가와 장상덕은 서기자를 밟고 밀치며 달려왔다.

바닥에 '께에엑' 하고 깔려 있던 서기자는 몸을 주섬주섬 챙겨 일어나 뒤쫓아 왔다. 다섯 명이 로봇 주위를 옹기종기 둥그렇게 둘러섰다.

정직원

영화제의 스태프. 친구 대타로 와서 당일 아르바이트를 뛰고 있다. 밤 근무조로 새벽까지 버틸 예정이다. 유별난 고객을 대하는 아르바이트를 워낙 많이 하다 보니 웬만한 일에는 눈 하나 깜짝하지 않는다.

덕력	호기심	상상력
1	5	4

구공순이 주위를 두리번거렸다.

"지금 누가 어디서 마이크에 대고 대꾸하고 있는 거지? 이봐요, 나 이런 유치한 이벤트, 하나도 재미없거든?"

"이상하네요. 그런 이벤트에 대해서는 전달받은 게 없는데. 이런 로봇이 있을 거란 말도 못 들었고요."

정직원은 스마트폰을 톡톡 두드렸다. 장상덕이 주위를 두리번거렸다.

"그러고 보니 주최자는 어디 갔죠? 아까부터 안 보이던데."

"배탈이 나서 좀 전에 집에 갔어요. 덕분에 여기 스탭은 나만 남았어요.”

“으흥, 주최측하고 그렇게 말을 맞춰 놨겠지.”

“아닌데요.”

“뭐가 됐든 정말 잘 만들었잖아?”

신작가가 로봇의 앞에 쪼그리고 앉았다.

그래서, 미래에서 온 로봇 씨, 우리가 뭘 어떻게 도와줘야 하나요?

애초에 인류가 멸망씩이나 하는데 우리가 뭘 할 수 있는데요?

인류가 멸망할 줄이야 알고 있었지만.

우리 이런 이벤트 안 짰다니까요.

그런데 인류가 어쩌다 멸망하는데?

상덕의 질문에 로봇의 눈이 동그래졌다. 정확히 말하면 원래 동그란 눈에 들어 있던 검고 동그란 동공이 굴러다니는 것을 멈추고 한가운데에 놓이면서 살짝 커졌다. 이리저리 돌아보던 고개도 정면을 보면서 멈췄다. 괜히 불편한 침묵이 다섯, 아니, 로봇을 포함해 여섯 사이에 돌았다.

“기억이 나지 않습니다.”

로봇의 눈이 반원형이 되면서 양쪽으로 기울어졌다.

“우울해한다.”

“그러게. 우울해하네.”

신작가와 장상덕이 속닥였다. 서기자가 물었다.

"어……. 로봇 씨? 제가 뭐라고 불러야 할까요. 이름이?"

"그것도 기억나지 않습니다. 거의 대부분이 기억나지 않아요. 실은 그래서 여러분의 도움이 필요합니다."

로봇이 반원형의 머리를 좌우로 굴리며 진지하게 말했다.

"저는 인류의 멸망을 막기 위해 뭔가 중요한 임무를 맡고 과거로 왔습니다. 하지만 시간 여행의 충격으로 제 데이터가 전부 엉망진창으로 뒤섞여 버렸습니다. 제가 임무를 완수하려면 이 데이터를 전체적으로 정돈해야 합니다."

"하지만 여기 프로그래머는 없는데?"

상덕이 주위를 돌아보았다.

"이 시대에 저를 코딩할 수 있는 인류는 존재하지 않습니다만."

로봇의 눈이 이번엔 위쪽이 둥근 반원형으로 바뀌었다.

"지금 우리 비웃은 거지?"

"비웃은 것 같아."

작가와 상덕이 속삭였다.

"데이터는 제 안에 전부 남아 있어요. 지워진 것이 아니라 엉킨 겁니다. 그걸 풀어 주시기만 하면 됩니다."

"어떻게?"

서기자가 물었다.

"토론을 해 주십시오."

"토론?"

"토론?"

"토론?"

다섯 명이 입을 맞춰 되물었다.

"일정 수준 이상의 지능과 언어 구사력을 가진 사람들이 어떤 주제에 대해 생각을 나누며 토론을 한다면 그걸 듣고 제가 그 대화에서 패턴을 도출하여 데이터를 정리할 수 있습니다."

잠깐, 너 우리로 괜찮겠어? 인류의 미래가 걸린 일이잖아. 국과 수나 대학으로 가는 것이…….

야, 야, 너 어디까지 몰입하는 거야? 그냥 이벤트잖아!

이벤트 안 짰다니까요.

언어 능력만 충분하다면 아이들이어도 돼요. 제 입장에서는 아이들의 대화도 충분히 복잡합니다.

넷은 다 같이 눈을 깜박였다.

알겠다! 이거, 아까 공순 씨가 말씀하시던 그 내용이에요. '인간과 로봇은 완전히 다른 복잡성을 가진다.' 그러니까, 지금 우리의 대화는 로봇 입장에서는 충분히 고도의 지적인 자극인 거죠. 마치 컴퓨터가 0.1초 만에 수십 자리 연산을 해내는 게 로봇 입장에서는 식은 죽 먹기지만, 우리가 보기에는 엄청난 일인 것처럼?

(죽 먹기는 저한테는 힘든 일인데요?) 예, 실은 조금 전 여러분의 대화가

제 데이터의 많은 부분을 활성화시켰습니다.

우리가?

여러분은 '기억'에 대해 대화를 나누고 계셨지요. 그래서 저는 깨달았습니다. 제가 기억을 잃었고, 그걸 되찾아야 한다는 걸.

정직원은 "무슨 토론이요?" 하고 고개를 빼꼼 내밀었다.

저는 아까 여러분이 나누던 주제에 대해 관심이 있습니다. 그 질문이 뭔가 중요한 걸 생각나게 할 것 같습니다. 그에 대해 잠시만 더 대화를 나누어 주실 수 있습니까?

서기자가 주위를 둘러보았다.

"어때요? 이게 누가 꾸민 무슨 장난인지 몰라도, 한번 이 장난에 놀아나 볼까요? 어차피 우리 원래 영화는 관심 잃은 지 오래고, 수다는 떨예정이었고, 다들 밤을 새우려고 했잖아요."

"그래요, 덤으로 인류의 멸망도 막을 수 있고요!"

정직원이 말했다. 구공순이 "말도 안 되는……." 하고 코웃음을 쳤고, 상덕은 "난 영화 포기한 적 없는데……." 하고 우울해했다.

"좋아요. 이게 뭔지 잘 모르겠지만."

작가는 로봇을 힐끗 보며 로봇 앞에 털썩 엉덩이를 깔고 앉았다.

"아무튼 그 주제에 대해 깊이 생각하면 된다는 거죠. 그럼 다 같이 한번 해 봐요."

잠깐, 난 동의한 적 없거든?

 그럼 넌 저기서 혼자 자고 있어. 우리끼리 한다.

 야, 나 빼고 가지 마!

질문 I: 로봇에게 사람의 인격을 넣으면 그 로봇은 그 사람일까요, 아니면 그 인간을 흉내 내는 로봇일까요?

 이 질문은 이렇게 바꿔 볼 수 있겠네. 만약 우리가 타인의 몸에 인격을 넣는 게 가능해진다면 그 사람의 정체성의 중심은 몸인가, 아니면 정신인가?

 아니면 이렇게 바꿔 보면 어때?

컴퓨터의 램이나 파워나 전선과 메인보드 같은 부품을 하나하나 바꾸다가 결국 전체를 다 바꾼다고 해 보자. 그건 어느 시점까지 이전의 컴퓨터와 같은 컴퓨터라고 볼 수 있을까?

 상덕의 SF Talk!

〈흉폭한 입〉 고마쓰 사쿄 小松 左京, 1969

《토탈 호러 1》에 수록된 이 소설은 자기 자신을 먹어 치우는 사람의 이야기야. 그 사람은 자신의 다리, 팔, 내장을 기계로 바꾸며 하나씩 먹어 치우다가 결국 뇌까지 먹어 치우지. 마지막에 그 사람은 기계 부품 외에는 아무것도 남지 않아. 그럼 그 사람은 어느 시점까지 사람이었을까?

《바이센테니얼 맨》 아이작 아시모프 Isaac Asimov, 1976

《바이센테니얼 맨》에서 주인공 앤드류는 인공두뇌에 충격을 받고 창조성을 갖게 된 로봇이야. 이 로봇은 인간과 다를 바 없는 자신이 왜 인간으로 대우받을 수 없는지 고민하다가 자신의 부품을 하나씩 유기 물질로 교체하기 시작해. 그러다 결국 200세 생일에 자신이 인간으로 인정받게 되었다는 소식을 접하며 죽음을 맞이하지.

자, 그럼 앤드류는 어느 시점까지 로봇이었고, 어느 시점부터 인간이었을까?

이런 질문도 가능하겠네요. 장애로 몸의 일부를 잃어서 의족이나 의수를 단 사람은 인간일까요? ……네, 물론 인간이죠.

인간이죠. 그런데 그 사람의 몸이 점점 상하기 시작해서 뼈나 장기, 피부를 전부 기계로 바꾸고 나중에 결국 뇌까지 바꾸게 된다면, 그 사람은 어느 시점까지 사람이었을까요?

뇌를 바꾸기 전까지가 아닐까요?

사실 우리 몸의 하드웨어도 실제로는 계속 변하고 있어요. 뇌세포도 마찬가지고요. 갓난아기 때 내 몸에 있던 세포나 분자는 지금 하나도 남아 있지 않아요. 갓난아기 때의 내 인격도 지금은 하나도 남아 있지 않죠. 그래도 나는 계속 나를 같은 사람으로 생각해요. 그건 어째서일까요?

 '기억'이 이어지니까요?

 그러면 기억이 인격의 중심일까요? 만약 기억이 중심이라면, 역
시 로봇의 몸에 사람의 기억을 넣는다면 사람으로 봐야 하지 않
을까요? ……아, 이건 아까 이야기했죠. 나는 설령 치매로 기억
을 다 잃어도 여전히 같은 사람이라고요. 그럼 인격의 연속성은
어디에 있는 거죠?

'주관'이죠.

주관은 누가 뭐래도 존재하지만 아직 과학이 제대로 밝혀내지
못한 영역이죠. 통계를 낼 수 없거든요. 그 어떤 천재나 초인도
볼 수 있고 느낄 수 있는 건 오로지 자신의 주관뿐이에요. 우리

는 어떤 방법으로도 타인의 주관을 인식할 수 없어요.

 '통 속의 뇌'라는 유명한 사고 실험이 그래서 나온 거죠.

결국 심심함과 외로움을 참지 못한 공순이 대화에 끼어들었다.

통 속의 뇌

1981년에 철학자 힐러리 퍼트넘 Hilary Putnam 이 정교화하면서 유명해진 오래된 사고 실험이에요. 힐러리 퍼트넘은 이 논리를 반박하고자 했지만 오히려 더 이론을 유명하게 만들었죠. 만약 내가 과학 실험실의 통속에 담겨 있는 뇌고, 내가 체험하고 있는 모든 것이, 내가 만나는 모든 사람이 단지 뇌에 자극을 가해 만들어진 가상 현실이라면 어떨까요? 그렇지 않다는 걸 알아낼 방법은 사실상 없죠. 그렇다면 이 세상이 실재하는지 실재하지 않는지 알아낼 방법도 사실상 없어요.

이건 데카르트의 철학을 구체화한 질문이에요. 데카르트는 "나는 생각한다. 그러므로 나는 존재한다."라고 말했는데, 그건 그 이외의 것은 모두 의심할 수 있다는 뜻이었죠.

실상 우리 모두가 체험할 수 있는 주관이 자신 1인의 것밖에 없다는 점을 생각하게 하는 사고 실험인 거죠.

 공순이 말한 것처럼 아직 누구도 '주관'이 뭔지, 어떻게 작동하는지 밝혀내지 못했기 때문에 '주관'을 이동시킬 수가 없어요. 만약주관이 이동하지 않는다면, 아무리 나와 같은 기억을 갖고 있다고 해도 나와 같은 사람이 아닌 거죠.

 흠, 우리가 아까도 나눈 이야기네요. 우리는 다른 사람의 '주관'을 확인할 수 없다고요. 그렇기 때문에 어떤 로봇이 인격을 가진 것처럼 보인다면 인격을 가진 것으로 보아야 한다고요.

그러면 만약 어떤 로봇이 작가 씨와 완전히 똑같이 생각하고 행동한다면 작가 씨 이외의 사람들 입장에서는 그 로봇이 작가 씨와 같은 사람이라고 보아도 무방하지 않을까요?

 어…….

 이야, 우리 완전히 '필립 K. 딕적인' 대화를 하고 있는데요.

 그게 누군데요?

상덕이 기다렸다는 듯 뻐기는 얼굴로 떠들기 시작했다.

상덕의 SF Talk!

〈토탈 리콜〉 폴 버호벤 Paul Verhoeven, 1990

필립 K. 딕 Philip K. Dick 은 평생 조현병과 불안 장애를 앓았던 작가로, 거의 모든 작품이 정체성의 혼란, 인격의 불완전성에 대해 이야기하고 있습니다. 작가는 말년에야 유명해졌는데, 지금은 그의 단편들이 무수히 영화로 만들어지고 있어요.

〈토탈 리콜〉은 그 필립 K. 딕의 단편 〈도매가로 기억을 팝니다〉 1966 를 원작으로 한 영화예요. 평범하게 살던 주인공이 어느 날 자신이 화성의 스파이라는 기억을 받는 서비스를 신청하죠. 그러다 진짜 스파이였다는 것이 밝혀지면서 모험이 시작돼요. 하지만 결국 독자도 주인공도 끝까지 그 모험 전체가 주입된 기억인지, 아니면 진실인지 알 수가 없어요.

〈사기꾼 로봇〉 필립 K. 딕, 1953

이 작품도 비슷한 내용이에요. 외계인과 전쟁 중인 지구에서 주인공은 사실은 외계인이 지구에 심은 시한폭탄 로봇이 아니냐는 의심을 받기 시작해요. 주인공은 이리저리 쫓기면서 누명을 벗으려고 애를 쓰는데, 마지막 순간에 불시착한 외계인의 우주선 안에서 자신과 똑같이 생긴 사람의 시체를 보게 돼요. '내가 정말 외계인이 보낸 시한폭탄 로봇인가?'라고 자문하는 순간 폭발하고 말아요. 사실은 그 의문이 바로 폭발 코드였던 거죠.

《유빅》1969 도 재미있는 작품이죠. 주인공들은 자신들이 사고로 죽었다는 것을 깨닫지 못하고 세상이 점점 몰락하고 죽어 가고 있다고 생각해요.

히가시노 게이고의 《패러독스 13》2009 도 비슷해요. 우주에서 신비한 사고가 발생한 뒤 우주선 사람들 대부분이 감쪽같이 사라지는 바람에 얼마 안 남은 생존자들이 살려고 안간힘을 써요. 하지만 그 사람들도 사실 그때 죽은 사람들이죠.

필립 K. 딕은 우리가 인격이라고 부르는 것이, 정체성이라고 부르는 것이 얼마나 혼란스럽고 불완전한 것인지에 대해 계속 이야기해요.

사실 저는 로봇에 기억을 이식하는 것보다도 더 궁금한 게 있어요.

정직원이 손을 번쩍 들며 말했다.

 왜 SF 보면 그런 이야기 많잖아요? '복제 인간' 말예요.
　　클론에게 내 기억을 이식하면 이 클론은 같은 '나'일까요?

이 질문이 나오자 작가와 상덕과 공순 셋이 동시에 미역줄기처럼 흐늘흐늘해지더니 픽 쓰러졌다.

 응? 왜 그래요? 내가 뭘 잘못 물었나?
 현기증이…….
 너무 고루한 질문이라서…….
 과학적으로도 그래.

질문 2: 클론에게 내 기억을 이식하면 이 클론은 같은 '나'일까요?

 왜요? 로봇과 인간은 몸이 다르지만, 클론은 나와 몸도 같잖아요.
 예, 진짜 많은 SF 작가들이 그에 대해 상상해 왔지요.

상덕이 어질어질한 얼굴로 답했다.

 아뇨, 여전히 몸이 달라요. 복제 인간은 일종의 쌍둥이죠. 하지만 우린 누구나 알잖아요. 쌍둥이가 다른 사람이라는 걸.

 복제 인간은 쌍둥이보다 더 달라요. 사람을 만드는 건 첫째는 유
전이고 둘째는 환경이에요. 쌍둥이는 같은 날 태어나 비슷한 환
경에서 같은 것을 먹고 자라니 영양 상태나 성격이 비슷할 가능
성이 더 높아요. 물론 같은 집에서 자란 형제도 완전히 다른 몸
집이나 성격으로 자라기도 하지만요.

그런데 복제 인간은 어떻게 해도 그 본체보다 한참 나중에 태어
나 다른 환경에서 자랄 수밖에 없어요. 그러니 훨씬 더 다른 사
람이겠지요.

사실 남성은 자기 복제 인간과 유전적으로 동일해지는 것도 사

실 불가능해요. 남자의 몸에는 난자가 없으니, 수정하려면 결국 다른 여자의 난자 껍질이 필요하거든요.

 그 복제 인간에게 내 기억을 넣으면요?

마찬가지예요. 사람은 기계가 아니라 생물이고, 매초 변화하거든 요. 기억을 넣은 바로 다음 순간 두 사람의 뇌에서는 서로 다른 신경이 발화할 거예요. 그러면 두 사람의 뇌는 다른 방향으로 변 하기 시작해요. 그때부터 둘은 다른 사람인 거죠.

사실 SF의 어떤 소재는 과학이 발전하면서 더 이상 소설의 소재 로서 의미를 잃어버렸어요.

복제 인간의 개념이 처음 등장했을 때에 복제 인간에 자기 기억 을 넣는 이야기는 SF의 단골 소재였어요. 하지만 지금은 이론적 으로 복제 인간을 실제로 만들 수 있죠. 그러니까 우린 복제 인 간을 만들면 어떻게 되는지 '알아요.' 그러니 이제 복제 인간에 대해서는 SF에서 상상할 여지가 별로 없는 거죠.

아, 그리고 보니 복제 인간이 같은 사람이 되려면 유전뿐만 아니 라 환경도 같아야 한다는 문제를 파고든 작품도 있잖아?

내가 나설 때로군!

상덕이 공순의 어깨를 타 넘으며 나섰다.

《브라질에서 온 소년들》 아이라 레빈 Ira Levin, 1976

네오 나치가 히틀러의 복제 인간을 만들려는 음모를 다룬 소설이에요. 영화로도 만들어졌죠. 비슷한 나이의 공무원이 살해당하는 일이 계속 일어나는데, 알고 보니 네오 나치가 히틀러의 복제 인간을 대량으로 만든 다음에 히틀러와 비슷한 가정환경의 집에 입양시키고 히틀러와 같은 성장 과정을 겪게 하려고 아버지들을 죽이는 거였죠. 그중 한 명이 히틀러가 되기를 바라면서요.

실망하지 말아요. 현실에서는 상상의 여지가 별로 없다고 해도 복제 인간을 다룬 SF는 언제나 '나는 누구인가?'라는 질문을 던져 주거든요.

〈6번째 날〉 로저 스포티스우드 Roger Spottiswoode, 2000

이 영화에는 주인공이 생일에 집에 돌아왔더니 자기와 똑같은 가짜가 가족과 생일 파티를 하고 있는 것을 발견하고 열 받아 하는 장면이 나와요. 하지만 알고 보니 자기가 가짜였죠.

〈멀티플리시티Multiplicity〉 해럴드 레이미스 Harold Allen Ramis, 1996

이 영화에서는 주인공이 너무 바빠서 복제 인간을 만들어 일을 나누어 하려 해요. 하지만 그 복제 인간도 바쁘다고 또 복제를 만들면서 자신이 여섯 명까지 늘어나 버리죠.

《얼터드 카본》 리처드 모건 Richard K. Morgan, 2002

이 소설에서는 사람이 자기 몸을 계속 바꿔치기할 수 있어요. 넷플릭스 드라마로도 나왔죠. 부자들은 가난한 사람의 몸을 사서 계속 바꾸며 영생을 누리지만, 가난한 사람들은 몸마저 빼앗기죠. 이 소설에서 죽음의 개념이 완전히 달라지는 점이 재미있어요. 이 세계에서는 사람을 죽여 봤자 죽지 않아요. 서버에 저장해 둔 인격을 불러서 다른 몸을 사서 들어가면 되거든요. 하지만 인격을 아직 저장하지 않았는데 죽이면 살인이 되죠.

《전갈의 아이》 낸시 파머 Nancy Farmer, 2002

복제 인간을 다룬 SF 중에서 고전이라고 부를 만한 작품이죠. 가까운 미래의 멕시코에서 마약왕이 자기를 복제한 아이들을 몰래 키워요. 위험한 일을 하며 사는 악당이니 자기 몸에 문제가 생기면 복제 인간 아이들을 하나씩 장기나 신체 이식용으로 쓰는 거예요. 그중 한 아이가 탈출해 악당들을 몰살시키고 바깥세상으로 떠나요. 복제 인간의 존엄에 대해 말하는 동시에, 수단으로만 취급되는 인간의 삶에 대해 생각하게 하는 소설이죠.

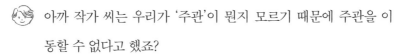 아까 작가 씨는 우리가 '주관'이 뭔지 모르기 때문에 주관을 이
동할 수 없다고 했죠?

네, 그래요.

전 다른 이유에서 정신의 이동이 가능한지 의문이 들어요. 뭐랄
까, 역시 전 몸과 정신이 완전히 분리되지 않는 것 같거든요.

맞아요. 이런 이론도 있으니까요.

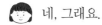 공순의 과학 Talk!

셀룰러 메모리 Cellular Memory 이론

과학적으로 완전히 검증된 것은 아니지만, 우리 육체를 이루는 세포 하
나하나에 기억이 저장된다는 이론이에요. 장기 이식을 받은 사람이 장기의
원래 주인과 같은 식성이나 성격으로 변하거나, 심지어 죽은 원래 주인의
꿈을 꾸는 경우가 있다고 하죠. 어쩌면 신체의 장기에도 기억이 있을지 몰
라요. 기억은 100퍼센트 두뇌에만 있는 것이 아닐 수도 있다는 거죠.

그렇군요. 만약 기억이 우리 몸 전체에 있다면, 기억을 다른 몸에
넣는 건 아예 불가능할지도 모르겠네요.

그런데 우리가 정신을 다른 몸으로 옮기지 않아도 '다른 사람'이

될 수 있잖아요? 큰 사고를 당하거나 인생에서 큰일을 겪으면 말이죠. 우리 삼촌은 사업에 실패하고 사람이 완전히 변했어요. 친구들도 가족도 다 떠나고. 이젠 볼 때마다 이전에 제가 알던 사람과 같은 사람인가 싶거든요.

그러니까 우리가 같은 몸을 갖고 같은 주관이 이어진다 해도, 얼마든지 **'다른 사람'**이 될 수 있잖아요?

 상덕의 SF Talk!

《정신 기생체》 콜린 윌슨 Colin Henry Wilson , 1967

맞아요. 이 소설은 바로 그런 상황을 SF적으로 상상한 이야기죠. 사람의 머릿속에 다른 생물의 인격이 들어오는데, 그 사람 성격이 완전히 변해요. 하지만 가족들은 그가 '다른 사람'인 줄 알아보죠. 주위 사람들은 몰라도요.

《바디 스내처》 잭 피니 Jack Finney , 1955

이 책도 유명하죠. 영화로 몇 번이나 만들어졌어요. 외계 생명체가 인간을 하나씩 자기들 편으로 바꾸는데, 가족이나 이웃이 하루아침에 완전히 다른 사람으로 돌변해 버려요. 사람이 정신적으로 타락하고, 나쁜 생각이 퍼져 나가는 상황을 은유해요.

서기자가 박수를 짝짝 쳤다.

그럼 한번 우리끼리 결론을 내 볼까요? 맨 처음의 질문에서, 인간의 기억이 이식된 로봇은 인간인가요, 아니면 기계인가요?

 음, 나는 그 로봇이 본인을 사람으로 믿으면 사람이고, 기계라고 믿으면 기계라고 생각해요. 우리가 생물학적으로 성별을 타고난다 해도 자기가 믿는 성별이 진짜 성별인 것처럼요.

대체 어디까지가 인간인 건데?

− 인간처럼 생각하는 인공지능이 있다면

띠로리로링♬

다섯이 대화를 마치고 나자 로봇의 머리에서 경쾌한 음악이 들렸다.

어느덧 쉬는 시간이 끝나고, 밖에 나갔던 사람들이 수런수런하며 영화관 안으로 들어오고 있었다. 직원은 슬슬 다음 상영을 준비하러 영사실로 들어갔다.

"무슨 소리야? 퀘스트 해결인가?"

상덕이 로봇의 머리를 톡톡 쳤다. 기자가 로봇의 등 뒤를 빼꼼히 살폈다.

"이 녀석, 등에 배터리 잔량 표시 같은 게 있네요. 거기 불이 하나 들어왔는데요?"

셋은 "어디, 어디." 하며 로봇의 등을 들여다보았다. 로봇의 등에는 열 칸의 배터리 표시가 있었고, 첫 칸이 빨간색으로 반짝였다.

"감사합니다. 이제야 기억이 났어요."

"전부?"

기자가 물었다.

"아닙니다. 가장 기본적인 부분만입니다. 제 생각 프로세스는 어떤 인물의 기억으로 구성되어 있습니다. 그래서 제가 그 질문에 관심을 가졌던 겁니다."

네 명은 각기 "익.", "설마.", "진짜야, 이거?", "오, 설정 쩐다." 하며 감탄사를 내뱉었다.

"여러분의 토론이 아니었다면 저는 혼란으로 망가졌을지도 모르겠군요. 하지만 이제 알겠습니다. **저는 어떤 인간의 기억을 저장한 기계입니다.** 그 인간과는 완전히 다른 존재예요."

넷은 로봇이 늘어놓는 말을 들으며 눈만 끔벅거렸다.

"하지만 이건 제가 지금 저 자신을 그렇게 규정한 것뿐입니다. 다른 로봇은 또 다르게 생각할 수도 있겠지요."

"잠깐만. 네 안에 인간의 기억이 있다면, 그게 누군데?"

기자가 또박또박 물었다.

 뭐야. 사람의 기억을 로봇에 넣는다니, 현대 기술로 불가능하다고!

 그러니까 미래에서 왔다잖아. 넌 지금까지 뭘 듣고 있었냐?

 아, 그렇지. 미래에서 왔……. 잠깐만, 왜 그냥 받아들이고 있는 거야?

"그 질문에 답하려면 데이터를 더 정비해야 합니다……."

로봇은 목을 한 바퀴 빙그르르 돌렸다.

동그란 눈이 마치 감은 것처럼 한 일(一)자 모양이 되었다가 다른 화면으로 바뀌었다. 이번에는 검은 동그라미가 아닌 사람의 눈이 동그란 화면에 나타났다. 모두들 화들짝 놀랐다.

"여러분에게 묻고 싶습니다. 저는 생각하고, 판단하고, 여러분과 대화를 나누고 있습니다. 그러면 저는 살아 있나요?"

잠시 넷 사이에 침묵이 감돌았다.

"그걸 알게 되면 뭐가 변하는 건데?"

기자가 물었다.

"저도 아직 모릅니다. 하지만 여러분이 충분히 대화를 나누고 나면 저도 알 수 있겠지요."

넷이 침묵하는 사이에 불이 꺼지고, 무대에서는 다음 단편 영화가 시작되었다. 영사실에서 직원이 나오며 말했다.

"밖에 나가서 이야기를 이어 가면 어때요? 이번 영화가 끝나려면 삼십 분은 더 있어야 하니까요."

o o o

"자, 우리 로봇 친구에게 이름이 필요하겠어요."

다섯은 로봇을 가운데에 놓고 복도 창가에 쪼르르 앉았다. 직원은 네 명에게 따끈따끈한 자판기 커피를 하나씩 안기고, 새우깡과 양파링 봉지를 뜯었다.

"계속 이렇게 로봇이라고 부를 수는 없잖아요. 로봇 씨, 자기 이름을 기억해요?"

　로봇은 고개를 도리도리 저었다. 직원은 음료수 캔을 힐끗 보고는 방긋 웃었다.

　"봉봉은 어때요?"

질문 1: 로봇은 살아 있을 수 있을까요? 만약 로봇이 스스로 생각하고 판단할 수 있다면, 그 로봇은 살아 있는 것일까요?

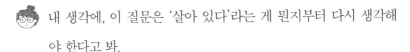

내 생각에, 이 질문은 '살아 있다'라는 게 뭔지부터 다시 생각해야 한다고 봐.

살아 있는 건 다 살아 있는 거죠. 뭘 다시 생각하죠?

예를 들면, 예전에 '식물'은 살아 있지 않았어요. 식물이 생물이

된 건 과학이 발달해 '주변과 상호 작용을 하는 것'을 생물로 보기 시작하면서지요. 실은 그보다 더 과거에는 식물뿐 아니라 돌이나 바위, 물건도 살아 있고 영혼이 있다고 믿었고요. 하지만 봉봉은 우리와 상호 작용을 하죠. 그럼 봉봉은 살아 있는 걸까요?

만약 '상호 작용'이 생물의 기준이라면 특별히 대단한 AI를 상상할 필요도 없어요. 최초의 컴퓨터도, 극단적으로 말하면 계산기나 초인종도, 버스에서 카드를 인식하는 기계도, 은행의 입출금 기계도 다 인간과 상호 작용을 하죠. 그러면 초인종은 살아 있는 걸까요? 생물일까요?

공순의 과학 Talk!

무엇을 생물로 볼 것인가

이 문제는 의외로 간단하지 않아.

만약 생물을 스스로 자신의 2세를 낳는 것으로 정의하면 어떻게 될까? 다세포 생물이라면 자신의 유전자를 계속 세상에 남기는 것을, 단세포 생물이라면 아예 자신의 몸을 둘로 분열하는 것을 2세를 낳는 것으로 볼 수 있어. 그런 면에서 보면 로봇은 생물이 아닐 거야.

한편 '엔트로피를 감소시키는 존재'를 생물이라고 볼 수도 있어. 엔트로피란 쉽게 말하면 '무질서'야. '균일화'라고 볼 수도 있고. 우주에 있는 모든 물질은 자연 상태에서는 무질서가 증가하는 방향으로 흘러가. 깨진 유리컵은 다시 붙지 않고, 뜨거운 물과 찬물이 섞여 미지근해진 물은 자연적으로는 절대 다시 뜨거운 물과 찬물로 나뉘지 않아. 일단 더러워진 물은 다시 깨끗해지지 않지. 그렇게 우주가 점점 균일해지다가 완전히 균일해지면 그

때가 우주의 죽음이라고 하지.

하지만 생명체의 몸 안에서 일어나는 일은 그렇지 않아. 밥을 먹고 몸 안에서 분해한 뒤 다른 영양소로 합성하고, 혈액, 산소, 장기, 온갖 세포들을 계속 합성해 내. 사람의 몸 안에서는 '부자연스럽게도' 엔트로피가 감소해. 반대로 사람이 죽고 나면 순식간에 부패하면서 바로 무질서가 증가하지.

 그런 정의로 보면 로봇은 생물이 아니라는 거지.

공순이 어깨를 으쓱하자 작가가 삐죽였다.

나는 동의하지 않아.

과학은 동의의 문제가 아냐.

생물의 정의는 계속 변해 왔어. 사실 난 인간이 '인간이 생물이라고 규정한 것만 생물로 만들기 위해서' 계속 생물의 정의를 바꾸고 있다는 생각이 들어. 생물의 정의가 이러이러하기 때문에 로봇이 생물이 아닌 것이 아니라.

마치 인간이 '기계 같은 것들을 생물로 인정하고 싶지 않아서' 정의를 바꾸는 것처럼 보인다?

기자가 손가락을 딱 쳤다.

데즈카 오사무의 〈우주소년 아톰〉에서는 로봇이 '살아 있다'라고 말해요. 정확히 말하면 그 세계에는 '로봇이 살아 있다고 믿는' 국가나 문화권이 있죠. 〈우주소년 아톰〉의 내용 중에는 아톰이 비행기 표가 없어서 화물칸에 타려고 하자 항공사 직원이 '살아 있는 것을 짐짝처럼 취급할 수 없다'며 거절해요. 그래서 아톰이 에너지를 빼고 '인형'이 되어서 화물칸에 타요.

아하, 그 세계에서는 로봇이 움직이면 생물이고 움직이지 않으면 무생물이군요.

마치 사람이 활동하고 있으면 생물이고 죽어 기능이 정지하면 무생물인 것처럼요. 물론 이건 그 만화에서는 미래의 일본 안에서만 통하는 가치관이고, 아톰이 자기 나라를 떠나 다른 나라에 가면 '무생물'로 취급받아 학대를 당하기도 해요.

데즈카 오사무는 '살아 있다'라는 정의조차도 문화마다 다를 수 있다고 생각한 거군요.

작가의 SF Talk!

〈우주소년 아톰〉 데즈카 오사무 手塚 治虫, 1952

일본 만화의 아버지 데즈카 오사무의 작품이에요. 이 '아톰' 덕에 일본인은 세계적으로도 로봇에 대한 거부감이 적고, 로봇과 어울려 사는 미래를 자연스럽게 받아들이는 것으로 유명해요. 일본의 로봇은 '아톰'의 영향을 받아서 만들어져요. 실용적인 도구를 만들려는 서구의 로봇 산업과 달리 '사랑받기 위한' 친구나 반려동물에 가까운 로봇을 만드는 데에 집중되어 있는 편이지요.

마쓰모토 레이지 松本 零士 의 〈은하철도 999〉에서도 기계를 생물로 봐요. 그 세계에서는 인류가 기계 인간과 생물 인간, 둘로 구분되죠. 부자들은 기계 인간이 되어 영원한 생명을 얻고, 가난한 사람들만이 생물 인간으로 남아 차별받으며 살고요. 그 세계에서의 기계는 살아 있다고 봐야겠지요.

무슨 뜻인지 알겠어요. 우리는 쉽게 산 것과 죽은 것을 구분할 수 있다고 생각하지만 실은 '무엇이 살아 있는 것인가'를 규정하기 쉽지 않기 때문에, 로봇이, 그러니까 봉봉이 살아 있는지 살아 있지 않은지도 실은 규정하기 쉽지 않다는 거군요.

아까도 비슷한 이야기를 했죠? '우리는 아직 인격이 무엇인지 정확히 모르기 때문에' 로봇이 인격을 갖고 있는지 알 수 없다고요.

만약 그걸 명확히 알 수 없다면 봉봉 같은 로봇이 많은 세상에선 그것 때문에 싸움이 많이 나겠어요.

왜요?

그러니까 봉봉이 누가 봐도 확연하게 무생물이라면, 누가 봉봉을 학대하든 폐기하든 아무도 뭐라고 하지 않을 거 아녜요. 누가 길에서 돌멩이를 찼다고 뭐라고 하지 않는 것처럼요. 확연하게 생물이라고 해도 역시 문제가 없겠지요. 봉봉을 학대하면 신고하고 처벌하면 되잖아요. 하지만 그렇지 않다면 계속 싸움이 날 것 같아요. 어디선가는 로봇권을 주장하며 시위를 하고, 어디서는 또 반대 시위를 하면서요.

다섯 명은 물끄러미 봉봉을 바라보았다.

 인간의 정의도 마찬가지예요. 예전에는 짐승과 구분되는 인간을 부르는 많은 다른 이름이 있었어요. 언어를 쓰는 생물, 도구를 쓰는 생물, 창조하는 생물, 사회를 구성하는 생물, 감정을 갖는 생물. 하지만 이제 그 구분은 계속 부정되고 있죠.

이제 우리는 아니까요. 동물도 도구를 쓰고 언어를 쓰고 사회를 구성하고 감정을 가져요. 과거에는 다른 피부색을 가진 사람이나 여자나 아이가 완성된 인간으로 여겨지지 않았을 때도 있었죠.

어쩌면 로봇이 '살아 있는가'의 질문의 답은, 과연 그 사회가 무엇을 '살아 있는가'로 정의하는가에 따라 달라질 거예요.

 공순의 과학 Talk!

인간과 다르지 않은 동물들

동물학자인 제인 구달 Jane Goodall 은 일생 침팬지를 연구하면서, 오랫동안 인간만이 할 수 있다고 믿었던 많은 일들을 침팬지도 하고 있다는 사실을 알아냈어요. 침팬지는 도구를 쓰기도 하고, 전략적으로 집단 전쟁을 하며 서로 상대 집단을 학대하기도 했지요. 짐승에겐 본능만 있다고들 하지만, 제인 구달은 엄마를 잃은 슬픔으로 죽어 가는 침팬지를 보기도 했어요.

고래가 복잡한 언어를 쓰고 있다는 점도 점점 밝혀지고 있죠? 범고래가 자기 언어만이 아니라 일종의 외국어인 다른 고래의 언어를 배워서 쓰기도 한다는 연구 결과도 있고요.

"여러분의 이야기를 듣다 보니 아무래도 다음 질문을 해야겠습니다." 봉봉이 생각에 잠겼다가 말했다.

"만약 인간과 다름없는 수준으로 생각하거나 행동하는 로봇이 있다면 인간과 다름없이 대해야 할까요?"

질문 2: 로봇이 인간과 구분이 불가능한 수준까지 발전한다면 로봇과 인간을 구분하는 게 의미가 있을까요? 만일 구분해야 한다면 어디까지를 인간이라고 불러야 할까요?

공순이 흠, 하고 팔짱을 끼며 말했다.

 '살아 있다'는 게 무엇인지에 이어서, 이번엔 '인간과 다름없다' 는 게 뭔지 생각해 봐야겠다.

이거, 아까 이야기하던 튜링 테스트 문제인가?

참, 실은 튜링 테스트 기간에 하는 재미있는 다른 테스트가 있어. '가장 인간다운 인공지능'과 함께 '가장 인간다운 인간'을 뽑는 거야.

그거 재밌겠는데.

거기서 우승한 사람에게 어떻게 사람인 척했느냐고 물어보니까, 신경질적이고 짜증 나게 굴었다는 거야.

다섯은 모두 배를 잡고 웃었다.

반대로 어떤 사람은 '로봇 같다'는 평을 많이 받아서 하위권이 되었는데, 그 사람은 셰익스피어 전문가였대. 다들 '인간이 저렇게 셰익스피어를 많이 알 리가 없다'고 생각했다는 거야.

그럼 생각해 보자. '인간답다'는 게 대체 뭘까? 우리는 어느 때 로봇이 '인간처럼 보인다'고 생각할까?

😊 **'불완전성'**이 아닐까? 아까 내가 소개한 《바이센테니얼 맨》에서도 앤드류는 자신이 인간과 다른 결정적인 차이점을 수명이라고 생각했어. 자신은 부품을 계속 교환하면 사실 완전하게 영원히 살 수 있는데, 인간이 되고 싶어서 오히려 불완전한 죽음을 택했지.

😊 저는 **'개성'**이라고 생각해요. 세상에 60억의 인구가 있지만 같은 사람은 하나도 없잖아요. 아까 말했지만 쌍둥이도 똑같지 않아요. 하지만 로봇은 그렇지 않죠. 같은 공정으로 만들면 똑같이 생겼고 똑같이 기능하잖아요.

😊 사실 나는 사람들이 '인간답다'고 말할 때엔 진짜 인간이 아니라 인간이 꿈꾸는 어떤 이상향을 말할 때가 있다고 생각해.

아까 소개한 데즈카 오사무의 〈우주소년 아톰〉 외전에서는 아톰이 실종된 뒤에 아톰보다 더 인간다운 로봇을 만드는 이야기가 있어. 그 두 번째 아톰은 정말 인간과 똑같아서, 게으르고 제멋대로인데다 이기적이고, 인간을 돕기를 거부하고, 일을 할 때엔 4대 보험과 휴가, 월급을 요구해. 그걸 보면서 박사는 "아톰은 인간과 닮지 않았기 때문에 의미가 있었다."라고 말해.

상덕이 소개한 아이작 아시모프의 《로봇》 시리즈에 등장하는 '다닐 올리버'라는 로봇도 마찬가지야. 다닐 올리버는 **로봇 3원칙**에 따라 인간을 도우면서 자신의 몸을 돌보지 않아 스스로를 희생하는 로봇이야. 결국은 인류가 멸망하지 않도록 지키는 역할을 하지.

나는 그 작가들이 이 로봇들을 그려 내면서, 인간이라면 될 수 없는, 완벽하게 강하고 희생적이고 올곧은, 상상할 수 있는 최고의 이상적인 인간을 묘사하지 않았을까 생각해.

그래서 나는 데즈카 오사무의 생각에 동의해. 로봇은 인간과 닮지 않게 만들 때에 더 의미가 있다고 믿어. 불완전한 인간 같지 않게, 좀 더 이상적인 존재로 말이야. 그리고 그런 로봇을 만들기 위해 애쓰는 것이 중요하다고 생각해.

 상덕의 SF Talk!

로봇 공학의 3원칙

아이작 아시모프가 자신의 소설 전반에서 제창한 로봇 공학의 3원칙으로 그 내용은 다음과 같아요.

1원칙 : 로봇은 인간에게 해를 끼쳐서는 안 된다.
2원칙 : 로봇은 1원칙에 위배되지 않는 선에서 인간의 명령을 들어야 한다.
3원칙 : 로봇은 1원칙과 2원칙에 위배되지 않는 선에서 자신을 보호해야 한다.

아시모프는 이 원칙 아래 완벽하게 희생적이고 인간에게 복종하는 로봇을 그려 냈어요. 실제로 로봇 공학자들은 이 원칙을 구현하기 위해 노력을 기울이고 있고, 실제로 2017년, 로봇 공학자와 주요 관계자가 모인 유럽연합의회에서, 이 원칙에 기반하여 인공지능을 법인격으로 인정하는 것에 대한 선언이 이루어졌죠.

〈소프트웨어 객체의 생애 주기〉테드 창 Ted Chiang , 2010

가까운 미래의 인공지능을 잘 다룬 소설인데, 이 소설에서 인공지능들은 사람들에게 훈련을 받아서 각자 자기 분야에서 전문성을 쌓아 변호사 같은 직업을 공인받아요. 알파고도 한국 기원에서 인정한 공인 9단의 바둑 기사였잖아요? 지금은 은퇴했지만요.

아직 시리 siri 나 인공지능 스피커들이 초보적인 대화밖에 하지 못하지만 곧 완전히 달라질 거야. 조만간 우리는 냉장고나 세탁기와 카톡으로 대화하며 살게 될 수도 있어. 최근 중국의 한 미팅 사이트에서 수십만 명과 대화를 나누며 사기를 쳤던 여자가 실은 인공지능이었다는 게 밝혀지기도 했잖아?
로봇은 점점 인간을 닮아 갈 거야. 자연스러운 일이지. 그리고 인간은 그런 로봇과 소통하면서 또 변해 가겠지.

상덕은 턱을 괴고 꿈꾸듯 상념에 젖었다. 공순은 약간 불만스러운 얼굴을 했지만 어깨를 으쓱하며 고개를 끄덕였다.

도나 해러웨이가 말하는 세상 말이지?

도나 해러웨이 Donna Haraway

도나 해러웨이는 1991년 《유인원, 사이보그, 그리고 여자 Simians, Cyborgs and Women》에서, 기계와 생물이 합쳐진 사이보그의 세상이 오면 성별도 생물학적인 조건도 의미를 잃게 될 것이고, 그러면 성차별도 사라지게 될 거라고 했어. 사이보그가 SF의 세계를 넘어서 현실적인 의미를 갖게 된 중요한 책이지.

인공지능이 인간을 '닮기' 위해서라면 정말로 인간처럼 사고할 필요도 없어.

인공지능 초기 시대에 재미있는 일화가 있어. 한 인공지능 학자가 "더 이야기해 주세요.", "그렇군요." 같은 아주 간단한 반응을 하는 대화 AI 상담사를 만들었는데, 환자들이 이 상담사와 상담을 하며 깊이 감동받고 최고의 상담사라고 눈물을 흘리며 감격하더래. 이 학자는 너무 충격을 받아 반인공지능주의자로 돌아서 버렸다지.

재미있군요. 그냥 간단히 "네, 네." 하는 정도로만 반응했을 뿐인데 환자들이 사람이라고, 그것도 아주 훌륭한 사람이라고 생각했다는 건가요?

실상 대부분의 인간은 듣기는 싫어하고 말하기를 원하잖아요. 그런데 AI는 말도 별로 하지 않으면서 몇 시간이고 몇 날이고 지치지 않고 들어 주죠.

알겠어요! 인간끼리 만나 봤자 다 자기 말만 하고 외로울 뿐이지 만 로봇은 그렇지 않다는 거죠?

 그러니까! 로봇이 있는 미래에는 인류가 모두 고독에서 벗어나 게 될지도 모른다니까!

상덕이 몽실몽실 꿈꾸는 얼굴로 말했다.

넌 왜 또 거기로 빠지냐.

아무도 외롭지 않은 세상!

워봇 Woebot

실제로 최근 페이스북 메신저로 대화하며 우울증을 치료해 주는 워봇 이라는 챗봇이 만들어졌어요. 제작자의 설명에 의하면 챗봇은 의사와 달리 '아무 때나 만날 수 있고', '가장 필요할 때 도움을 준다'고 하죠.

양파링을 아삭아삭 먹던 직원이 슬그머니 손을 들고 끼어들었다.

봉봉의 질문 말인데요. 사실 인간은 인간끼리도 인간 취급을 하 지 않잖아요?

그 말에 눈을 반짝반짝 빛내며 저 하늘을 가리키던 상덕이 딱 멈춰 섰다.

말로야 모든 인간은 평등하고 천부 인권이 있느니 하죠. 하지만 살아 보면 어디 그래요? 외모, 지역, 학력, 성별, 직업으로 촘촘하게 무시하고 사람대우를 하지 않잖아요. 아니, 지금도 세계 곳곳에서 일어나는 전쟁이며 학살을 생각해 봐요. 그런데 설사 인간과 똑같이 생각하고 행동하는 로봇이 나온다 한들 인간이 그 로봇을 인간처럼 대우해 줄까요? 인간끼리도 다 서로 차별하고 학대하면서?

다섯은 봉봉을 포함해서 어째 침울해졌다.
작가가 손을 들고 말했다.

그래도 저는 완전히 반대의 경우도 있다고 생각해요. 우리는 전혀 대화를 나눌 수 없고 어딜 봐도 인간과 닮은 점이 없는 고양이나 개도 가족처럼 사랑하잖아요. 그런데 과연 로봇을 인간처럼 대우하는 사람이 없겠어요?

고양이와 로봇은 다르잖아요.

직원의 말에 작가는 고개를 저었다.

사람은 로봇은커녕 아예 소통이 불가능한 물건을 사랑할 때도 있어요. 그림이나 조각상, 건축물과 대화하고 사랑하기도 하는걸요.

기자가 질문했다.

그럼, 인간과 로봇이 서로 사랑할 수도 있을까요?

질문 3: 로봇과 인간이 서로 사랑할 수 있을까요?

이미 하고 있잖아요?

작가는 당연하다는 듯이 답했다.

자기가 만든 로봇과 사랑해서 결혼하는 로봇 공학자들이 슬슬 나오고 있는걸요. 로봇까지 갈 필요도 없어요. 소설이나 만화 속 캐릭터와 결혼하는 사람들은 전부터 있었죠. 로봇은 원하는 대로 만들 수 있다는 점에서 이상적인 연인이 될 수도 있겠죠.

 작가의 SF Talk!

《불새》 데즈카 오사무, 1954

데즈카 오사무의 대하 만화 《불새》의 한 에피소드에서는 어떤 사람이 중상을 입고 뇌를 반쯤 기계로 바꾼 뒤, 생물은 사물처럼 보이고 사물은 생물처럼 보이는 증상이 생기죠.

그 사람은 점점 생물에게 공감하지 못하게 되고, 대신 자기 눈에 사람처럼 보이는 로봇과 사랑에 빠져요. 로봇을 사랑하게 된 그 사람은 점점 인간이 싫어지는 바람에 결국 스스로 로봇이 되기를 바라게 돼요. 결국은 둘은 로봇으로서 하나가 되지요. 어쩌면 미래에는 그런 사람들이 생겨날지도 모르겠어요.

난 그건 솔직히 좀 그래. 사랑은 서로 자기 마음대로 할 수 없는 두 사람이 하는 거지. 만약 누가 자기가 짝사랑하는 사람과 똑같이 생긴 로봇을 만들어 결혼한다거나 하면, 골치 아프지 않겠어?

성소수자의 사랑에 대한 연설을 하면서 누가 한 말이 있잖아. "그러다 가구랑 사랑하겠네, 하는 사람들이 있어요. 근데 가구와 사랑하면 좀 어때요? 인생은 힘들어요. 아무거나 붙들어요."

실제로 치매 노인과 자폐증 아동의 치료에 로봇이 사람보다 훨씬 효과적이라고 해요. 사람은 지루한 일과 반복 노동을 견디지 못해요. 하지만 로봇은 사람과 달리 영원히 지겨워하지 않고, 한결같고, 화내지 않고, 배신하지 않아요.

난 로봇이 사람처럼 사람을 사랑하게 될 것 같지는 않아. 인간의 프로그램대로 사랑하는 척할 뿐이겠지.

하지만 우리가 아까 대화했죠. 그 튜링 테스트 원칙 말예요. 우리는 타인의 자아를 상상할 수 없고, '**인격이 있는 것처럼 보이면 인격이 있다**'라고 말해야 한다고요. 만약 로봇이 정말로 사람을 사랑하는 것처럼 보인다면 실제로 사랑하는 거라고 말할 수도 있지 않겠어요?

일본에서 재미있는 연구를 한 적이 있어요. 로봇을 쇼핑몰에 풀어 놓고 인간에게 살짝 거슬리게 행동하도록 한 거예요. 살짝 부딪치고 비켜 달라고 부탁한다든가요. 그러자 아이들이 로봇을 때리고 욕하고 학대하기 시작했어요. 아이들이 많을 때 그 현상이 커졌죠. 제작자가 나중에 인터뷰를 해 보니 로봇이 사물이라서가 아니라 정말 살아 있고 고통을 느낀다고 믿어서 그랬다는 거예요. 그래서 제작자는 학대당한 로봇이 아이들을 보면 피하는 알고리즘을 만들었대요.

로봇에게 인권이 있다는 주장을 펴는 SF를 보는 사람들은 가끔 반박하기도 해요. 사람의 인권도 안 챙기면서 로봇의 인권을 챙기느냐고요.

하지만 그렇지 않아요. 로봇이 자아가 있는가, 실제로 고통을 느끼느냐의 문제를 떠나서 사람이 함께 공존하는 이들을 존중하지 않으면 사회가 엉클어지고 말아요. 만약 로봇이 우리와 함께하게 된다면 그들을 존중하는 문화를 가져야 할 거예요.

차별을 금지해야 하는 이유는 1차적으로는 차별받는 대상이 고통을 받기 때문이지만, 2차적으로는 차별하는 사람의 마음이 비틀리는 것을 막기 위해서라고 생각해요.

좋아요. 점점 재미있어지는군요. 제가 마지막 질문을 하나 더 해볼게요…….

질문 4: 로봇이 인간 이상의 존재가 되면 인간을 대체하게 될까요?

영화 〈인터스텔라〉에 나오는 로봇 '타스'를 보면서 그런 생각이 들더군요. 왜 저렇게 뛰어난 존재가 인간의 명령을 듣고 있을까?

우린 이미 그에 대해 이야기한 것 같네요. **이미 로봇은 오래전부터 인간 이상의 존재예요.** 단지 다른 영역에서요. 기계가 인간 이상의 존재가 되는 건 쉬워요. 인간과 같아지는 게 훨씬 더 어렵죠. 둘은 작동 방식이 다르니까요.

로봇은 계산에 능하고, 인간은 창작에 능하다……. 그런데 점점 다른 생각이 드는군요. 그것도 사람에 따라 다르지 않겠어요? 저만 해도 그림은 전혀 못 그려요. 노래도 못 부르고요. 하지만 요즘에는 그림을 그리는 AI도 나왔잖아요? 작곡에 글쓰기까지 하고요.

음, 그것도 기존의 데이터를 조합하는 것이지 새로운 창작이라고 보기는 어려워요.

그래도 여전히 한 개인보다는 뛰어날 수 있잖아요. 이미 창작에서 새로운 건 없다고 하고요.

음…….

공순은 땀을 뻘뻘 흘렸다.

그렇게 되면 로봇이 인간을 대신하는 일이 일어나지 않는다고 장담할 수 있을까요?

아니, 전 누가 나보다 얼마나 뛰어난들 그게 나를 대체할 거라는 생각도 하나의 착각일 수 있다고 봐요. 제 옆에 저보다 훨씬 똑똑한 변호사나 의사나 교수가 있다고 해도 나를 제거하고 그 사람들이 소설을 쓸 일은 없겠지요. 아니, 설사 전 인류가 저보다 더 나은 소설가가 된다고 해도 여전히 저는 소설을 쓸 수 있을 거예요.

으흠.

현대 사회는 경쟁 사회예요. 현대 사회는 경쟁이 우리를 더 나은 사람으로 만들 거라고 생각했지만 그러지 않았어요. 경쟁 사회는 '경쟁할 수 있는 것'만을 남기고 다른 교육을 포기해요.

사실 평가할 수 있는 것은 많지 않고, 공정하게 평가할 수 있는 건 더 적어요. 그런 사회에서는 삶에 도움이 되는 기술 대신 '공정하게 평가를 할 수 있는 것', 말하자면 단순 암기나 단순 계산, 사지선다 문제만 배우게 되는 거죠. 그런 평가를 일생 받고 살다 보면 나보다 더 잘하는 사람이 나를 전부 대체할 수 있다고 믿을 수밖에 없어요.

하지만 나는 사람은 아무도 서로를 대체할 수 없다고 생각해요. 만약 사회에 다른 방식의 교육이 자리 잡는다면, 로봇이 나보다 뛰어나다고 한들 나를 대체할 거란 두려움도 없어지지 않을까요.

그러면 좋겠지만…….

공순은 엣헴, 하고 헛기침을 했다.

아쉽게도 기계는 이미 사람을 많이 대체하고 있어. 계산과 데이터 분석이라는 점에서. 지금도 가게마다 계산하는 직원이 사라지고 기계로 바뀌고 있지. 고속도로 통행료도 기계가 대신 받고 있고. 회계사도 사라져 버릴 수 있어. 지금 있는 직업의 반은 20년 이내에 사라질 거라고 해. 이미 일자리는 계속 줄어들고 실업률은 치솟고 있잖아.

부정할 수 없네. 하지만 난 기계가 지금 인간을 대체하는 건 능력과 다른 문제라고 생각해.

어떤 점?

기계는 월급을 받지 않잖아.

기자가 손가락을 딱 하고 튕겼다.

그렇군요. 그럼 이건 직원이 단지 로봇이라는 이유로 노동권을 보장하지 않은 대가를 결국 인간이 치르고 있는 셈인가요?

그래도 사실 난 정말로 로봇이 인간의 단순노동을 다 대체하고 나면 인간은 지금까지와 완전히 다른 삶을 살 거란 생각을 해!

단순노동과 암기는 원래 인간이 힘들어하는 종류의 일이잖아. 그걸 다 로봇이 대신하게 되면, 어쩌면 작가 말대로 경쟁 위주의 세상도 사라지고, 우리가 상상하지 못한 유토피아가 올지도 몰라!

상덕은 반짝반짝하는 눈으로, 또 '빠밤빠~' 하는 배경 음악이 뒤에서 들리는 듯한 자세로 저 하늘을 가리켰다. 상덕이 가리킨 창밖의 하늘에서 별똥별이 또로롱 떨어졌다. 공순이 아이고야, 하고 머리를 짚었다.

아니면 세상이 완전히 양극화되거나. 기계가 일을 대신해 줘서 일생 부유하게 노는 사람들과 직장을 가질 수 없는 가난한 사람들로.

그래도 인간은 또 방법을 찾아낼 거야! 로봇에게 일자리를 빼앗기기만 하는 게 아니라 같이 어울려 살 방법을 찾아내지 않을까? 그런 세상을 만드는 데 인공지능의 도움을 받을 수도 있을 거고!

 상덕의 SF Talk!

《아이, 로봇》 아이작 아시모프, 1950

　아이작 아시모프의 《아이, 로봇》의 한 단편, 〈바이어리〉에서는 시장 선거에 출마하는 로봇이 나와. 소설 안에서는 로봇 공학자가 로봇이야말로 이상적인 정치인이라고 말해. 편견도 없고, 욕심도 없고, 모든 인간의 공익을 추구하니까. 물론 AI가 충분히 발전했을 때 이야기겠지.

어쩌면 기계는 공정하고 편견이 없는 지도자가 될 수도 있을 거야. 대부분의 정치인은 욕망을 갖고 '이기심'이라는 지극히 인간적인 문제로 계속 실수하며 국민을 힘들게 하잖아.

《레디메이드 보살》 박성환, 2004

이 소설은 로봇이 인간을 넘어설 뿐만 아니라 득도하기까지 한다는 걸 보여 줘. 김지운 감독의 〈천상의 피조물〉 2012 이란 단편 영화로도 만들어졌지. 이 로봇은 인간이 평생을 수련해도 얻기 힘든 깨달음을 순식간에 얻어. 그런 자신을 두고 인간들끼리 대립하자 자의로 죽음을 결정하고, 스스로 정지하며 마지막 설법에서 "당신들 모두에게 깨달음이 깃들어 있다."라는 말을 남기지.

 로봇이야말로 부처라는 생각은 요새 불교계에서도 나오고 있어요. 《레디메이드 보살》이 예시로 쓰인 법회가 최근에 있었지요? 어떤 스님이 이런 설법을 하신 적이 있어요. "차량 내비게이션을 보세요. 내비게이션은 늘 운전자에게 정확한 길을 지시하지만 운전자는 말을 듣지 않죠. 하지만 아무리 운전자가 말을 듣지 않아도 화내지 않고, 지치지 않고 안내하며 계속 안내해요. 이것이 부처의 마음이 아니고 무엇이겠습니까."

우린 계속 지금껏 생각해 보지 않았던 것을 상상해야 해요. 사람은 자기가 생각지 못한 것을 최초로 접했을 때 대부분 차별로 반응한다고 생각해요. 다른 인종, 다른 종교의 사람들, 생각하는 로봇, 복제 인간을 마주할 때에도 제일 처음에는 차별을 하겠지요. 만약 SF로 미리 그런 상상에 익숙해진다면 그 기간을 줄일 수 있을지도 몰라요.

2부

나와 다른 너

자기가 믿는 성별이 진짜 성별이다

– 젠더에 대한 SF적 상상

 강의실 문이 열리며 사람들이 빠져나왔다.

그새 단편 영화 하나가 끝난 모양이었다. 많이들 슬슬 가방을 챙겨 주섬주섬 집에 돌아가는 듯했다. 좀 더 버틸 작정인 사람들은 복도에서 스마트폰을 깔짝거리거나, 야식을 사러 24시간 편의점으로 향했다.

다섯 사람은 일제히 동작을 멈추고 봉봉을 바라보았다. 봉봉의 몸 색이 흰색에서 살색, 정확히 말하면 동양인의 살색인 분홍빛이 도는 노란색으로 변했기 때문이었다. 등에 붙은 배터리 잔량 표시는 두 칸으로 늘어나 있었다.

"저, 공순 씨. 로봇 색깔이 변하는 정도는 현대 기술로도 가능한가 요?"

기자가 공순에게 속삭였다. 공순이 땀을 뻘뻘 흘렸다.

"그, 그럴 수도 있을…… 것 같긴 한데."

"덕분에 많은 기억이 정리되었습니다."

봉봉의 목소리는 어째 축 가라앉아 있었다. 기계가 내뿜는 우울함 덕에 다섯 인간은 어째 어색해져서 침묵했다.

"저기, 봉봉, 넌 미래에서 생물 취급을 받지 못한 거지?"

직원이 봉봉의 등을 톡톡 두드렸다.

"인간이나 다름없는 수준으로 생각하는데 조금도 인간처럼 대우받지 못한 거지?"

"혹시 그래서 인류가 멸망하는 거야?"

공순이 벌떡 일어났다.

"기계들의 반란, 기계 제국! 기계들이 인간에게 저항해 인간 말살을!"

"야, 너 애 안 믿는다며."

상덕이 핀잔을 주었다. 봉봉이 답했다.

"아직은 그 질문에 답하기 어렵군요. 아직 저는 저 자신에 대해 다 떠올리지 못했습니다. 그걸 완전히 떠올린 뒤에야 제 세계에서 일어난 일을 떠올릴 수 있겠습니다."

"너 자신에 대해서? 뭘 더 알고 싶은데?"

기자가 물었다.

"제 **성별**에 대해서입니다."

 성별? 너 성별이 있었어?

 기계는 성별이 없잖아?

 아냐. 보통 성별을 가정하고 만들지. 시리만 해도 여자 목소리잖아.

"혹시, 이 질문에 답해 주실 수 있겠습니까?"

봉봉이 말을 이었다.

"몸을 기계로 바꿀 수 있는 세상이 오면 성별의 의미가 사라질까요?"

질문 1: 몸을 기계로 바꿀 수 있는 세상이 온다면 성별에 의미가 있을까요? 그때에도 성별의 구분이나 차별이 있을까요?

 테크노페미니즘이로군.

공순이 안경을 들었다 놨다 했다.

 그게 뭐죠?

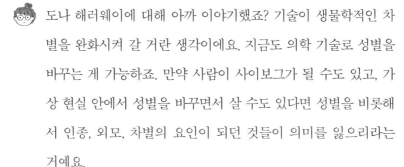 도나 해러웨이에 대해 아까 이야기했죠? 기술이 생물학적인 차별을 완화시켜 갈 거란 생각이에요. 지금도 의학 기술로 성별을 바꾸는 게 가능하죠. 만약 사람이 사이보그가 될 수도 있고, 가상 현실 안에서 성별을 바꾸면서 살 수도 있다면 성별을 비롯해서 인종, 외모, 차별의 요인이 되던 것들이 의미를 잃으리라는 거예요.

뭔지 알겠어요! 인터넷이 생겨나면서 텍스트 너머의 사람이 남자인지 여자인지, 어른인지 아이인지, 외모가 어떤지 다 알 수 없게 되었죠.

 성별을 바꿀 수 있다면 성차별이 사라질 수도 있어요. 차별은 '바꿀 수 없는 것'에 생겨나니까요.

 무슨 뜻인가요?

 사람은 노력해서 바꿀 수 있는 것보다 바꿀 수 없는 것을 더 차별한단 뜻이에요. 차별은 인종, 피부색, 출신 성분으로 향하죠. 그래야 사람이 그 차별을 벗어나지 못하거든요. 인류 역사상 성차별이 사라진 적이 없었던 건 성별이야말로 원래는 무슨 수를 써도 바꿀 수 없는 것이었기 때문이지요. 하지만 이제 기술이 그 성역을 깨⋯⋯.

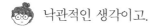 낙관적인 생각이고.

공순이 팔짱을 끼고 퉁명스레 말하는 바람에 작가가 거슬린다는 표정으로 째려보았다. 공순은 안경을 들었다 놨다 하며 말을 이었다.

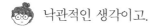 인터넷 초창기에야 인터넷이 차별을 없애 주고 모두 평등한 세상이 올 거라고 생각했지. 하지만 현실은 거꾸로야. 오히려 얼굴이 안 보이니 사람 사이의 최소한의 예의마저 사라졌지.
너 아까 로봇에겐 성별이 없다고 했지만, 오히려 요새 로봇은 인간의 욕망을 극단적으로 넣어서 편견을 극대화하는 미형으로 만들고 있어. 로봇만일까? 성형 수술은 자연적으로는 불가능한 수준의 미인을 만들고 있잖아. 기술은 차별을 없애는 게 아니라 오히려 강화하고 있어.

바로! 그것에 대한 SF가 있는데 말이야!

상덕이 나서는 바람에 공순은 팔짱을 낀 채로 뒤로 쿠당 하고 넘어지고 말았다.

 상덕의 SF Talk!

〈외모지상주의에 관한 소고〉 테드 창, 2002
이 소설에서는 외모에 대한 편견을 없애 주는 약이 등장해. 이 약을 먹

으면 사람을 알아볼 수는 있지만 잘생겼는지, 못생겼는지 판단할 수 없게 돼. 그런 세계에서는 전신 화상을 입은 학생이 학생 회장을 할 정도로 인기 있는 학생이 되기도 하지. 못생긴 사람과 미인이 아주 자연스럽게 연인이 되기도 하고. 그러면 그 약은 인간을 자유롭게 한 걸까, 아니면 미를 사랑하는 자연스러운 본성을 잃게 한 걸까?

그렇군요. 이제는 '완전히 여자가 아니'라며 왜 수술을 하지 않느냐고 비수술 트렌스젠더를 비난하는 사람들도 있으니까요.

기자는 생각에 잠겼다가 말을 이었다.

"타자가 있는 곳은 지옥이지만 타자가 없는 곳은 더한 지옥이다."라는 말이 떠오르네요.

그게 뭔데요?

우리는 서로의 차이점을 두고 차별하지만, 모두가 비슷해진다고 해서 차별이 사라질까 하는 말이에요. 사람은 타자가 사라지면 집요하게 차이점을 찾아내서 어떻게든 타자를 만들어 내는데, 그게 더 비극적이라는 거죠.

저 유명한 아프리카의 르완다 내전은 후투족과 투치족 간에 일어난 학살 전쟁이에요. 두 부족은 실은 외모상 차이점이 거의 없어요. 한쪽 부족이 약간 더 콧구멍이 크다 정도였죠. 그래서 그들은 콧구멍 크기를 재서 약간 크면 죽이고 약간 작으면 살려 주었어요.

뭔지 알겠어요. 저는 교복이 없는 학교를 다니다가 교복이 있는 학교로 전학을 갔는데, 그때 기이한 체험을 했어요. 전에 다니던 학교에서는 선생님들이 내가 무슨 옷을 입든 관심을 갖지 않았거든요. 그런데 교복을 입기 시작하니까 단추나 명찰의 위치가 삐뚤어지거나 옷깃이 구겨졌다는 정도로도 야단을 맞기 시작하는 거예요. 사실상 도저히 맞출 수 없는 기준 때문에 매일 야단을 맞으니 사람이 급격히 무력해지더라고요.

이전 학교에서 아이들은 서로 달랐고, 다르다는 건 하나도 이상한 게 아니었어요. 그런데 교복을 입기 시작하니 아이들이 태도나 목소리, 키, 사는 곳, 머리카락 색깔처럼 정말 믿을 수 없이 작은 차이점을 찾아내서 '차이점이 있다'는 이유로 서로 미워하더라고요.

직원이 커피를 쪽쪽 빨아 마시며 어깨를 움츠리자, 기자가 그 옆에 앉아 직원의 어깨를 토닥였다.

세상 어딘가에는 여자도 남자도 아닌 제3의 성이 있는 곳도 있을까요?

질문 2: 지구가 아닌 어딘가에는 제3의 성도 있을까요?

😊 그거 바로 어슐러 르 귄의 《어둠의 왼손》 이야기네요!

 상덕의 SF Talk!

《어둠의 왼손》 어슐러 르 귄 Ursula Le Guin, 1969

사회적 성을 포함해 성 문제를 다룬 걸작이자 여성학의 고전이죠. 이 소설 속 행성 사람들은 주기적으로 남성, 아니면 여성으로 변해요. 이런 세계에서는 성 역할이 고정될 방법이 없어요. 르 귄은 성 역할이 고정되지 않은 유토피아를 상상한 거죠.

처음에 주인공은 이런 외계인을 보고 혼란을 느껴요. 하지만 그 세계에서 한동안 지내면서 남자인지 여자인지도 모를 친구와 우정인지 사랑인지 모를 교류를 한 뒤에는, 자기 별에 돌아가서 성 역할이 나뉜 세계에 오히려 혼란을 느껴요. 이 소설의 멋진 점은 독자들도 책을 읽고 나면 같은 기분을 느끼게 된다는 거죠.

😊 세상에, 그런 멋진 소설이 있었군요.

😊 SF는 멋지다니까요!

상덕은 자기가 칭찬받기라도 한 것처럼 한껏 어깨를 폈다.

😊 훌륭한 작가들이 미래와 이상향을 상상하고, 진보적인 생각을 펼

처 내는 장르죠. 그리고 그런 작품들이 SF의 고전이 되고요.

옆에서 공순이 에헴, 하고 헛기침을 했다.

"툭 치기만 하면 SF부터 떠올리는 너희들에겐 미안하지만, 이것도 전제 자체를 다시 생각해야 해."

 제3의 성을 찾기 위해 지구 밖으로 나갈 필요는 없어요.

'테트라하이메나'라는 단세포 생물은 성이 일곱 가지나 된다고 하죠. 이 생물은 스물한 가지 조합으로 번식할 수 있어요. 그리고 식물이나 작은 생물들의 세계를 들여다보면 암수한몸은 일반적이다시피 해요.

어류와 양서류에도 흔하죠. 성별을 바꿀 수 있는 물고기만 400종이 넘는 것 아세요? 〈니모를 찾아서〉의 니모도 그중 하나죠.

 공순의 과학 Talk!

흰동가리의 성전환

〈니모를 찾아서〉는 아내와 자식을 잃은 아빠 물고기가 단 하나 남은 아이인 니모를 찾아 방랑하는 애니메이션이죠?(나도 이 정도는 봤으니까 가만히 있어, 장상덕.)

니모는 흰동가리라는 종인데, 흰동가리는 어릴 때에는 성별이 정해져 있지 않다가 성장하면 그중 가장 큰 개체가 암컷, 그다음으로 큰 개체가 그 짝인 수컷이 되어 번식을 해요. 그러다가 암컷이 죽으면 두 번째로 큰 수컷이 암컷으로 변하죠.

이 애니메이션 초반에 엄마가 죽었으니, 니모를 찾아 나선 시점에서 아빠는 이미 엄마였을 거라는 뜻이죠.

붕어의 성전환

누구나 아는 물고기죠? 붕어는 어릴 때에는 30퍼센트만 암컷이지만, 성체가 되면 90퍼센트가 암컷이 돼요. 그래서 붕어는 짝이 없는 곳에서도 혼자서 번식할 수 있죠. 우리가 붕어를 어디서나 볼 수 있는 이유기도 하고요.

 '크레피둘라 마지날리스'라는 조개는 태어날 때에는 모두 수컷이지만 자라면 암컷이 되는데, 수컷 두 마리가 서로 접촉하면 한 명이 암컷으로 변한대요.

상덕과 작가는 뒤에서 수군수군했다.

"'크레피둘라'래."

"그런 이름은 언제 쓰려고 외우고 있었대?"

"이럴 때 잘난 척하려고 외우고 있었겠지."

아, 뭔지 알겠다. 《쥬라기 공원》에서도 공룡을 만들 때 양서류 유전자를 넣는 바람에, 원래는 암컷만 있던 생태계에서 몇 개체가 수컷으로 변하면서 번식을 시작해 버리지?

응, 그러니까 굳이 지구 밖으로 나가서 어슐러 르 귄의 세계를
찾을 필요는 없다는 거지.

내 생각에, 우리가 그런 걸 알 수 있는 이유는 우리가 인간 이외
의 생물은 성차별을 하지 않아서인 것 같아.

무슨 뜻이야?

사실 사람도 성별도 둘이 아니야. 사람의 젠더가 하나가 아니라
는 연구 결과는 계속 나오고 있잖아.

물론이지. 굳이 남녀가 한 몸에 있는 사람들의 사례를 들지 않아
도 말이지.

공순의 과학 Talk!

사람의 성전환

사람은 성염색체로 성별이 나뉘지만, 실제로는 2000명에 한 명은 성별
이 정해지지 않은, 남녀가 전부 있는 몸으로 태어난다고 해요. 이건 상당히
흔한 현상이라는 뜻이죠.

도미니카 공화국의 샐리나스라는 마을에서는 90명 중 한 명은 여자에
서 남자로 성전환을 한다고 해요. 이런 사례가 다른 나라에서도 간혹 보고
되고 있고요.

성호르몬으로 남녀가 나뉜다지만, 성호르몬은 남녀가 양쪽의 호
르몬을 다 갖고 있어. 생물학적으로도 남녀는 정확히 구분되지
않는다고 봐야 해. 게다가 생물학적으로 완벽하게 여성이거나 남

성이라도 심리적으로는 반대의 성일 수도 있고.

응, 사람의 수만큼 젠더가 있다는 말도 있지. 하지만 우리는 여전히 사람을 남자와 여자 둘로만 나누잖아. 우리가 자연계를 보듯이 우리 자신도 편견 없이 볼 수 있었다면, 지금까지 나온 연구 결과만 갖고도 사람의 성별이 두 개뿐이라는 개념은 오래전에 버렸어야 할지도 몰라.

'살아 있다'는 개념도 문화에 따라 다르다, '성별'도 문화에 따라 다르다…… 이거군요.

전에 일본에서 학교에 들어갈 때 성별을 기재하지 않도록 했다는 기사를 봤어요! 얼마 전에 미국에서도 운전면허증에 제3의 성을 기재하기로 했다고 했고요. 프랑스에서는 부모를 숫자로 표기하는 법을 추진 중이래요.

 공순의 과학 Talk!

다양한 성

우리는 흔히 성소수자라고 부르지만, 전통적인 성별 구분에 해당되지 않는 사람은 정말 많아요! 레즈비언, 게이, 양성애자, 트랜스젠더, 무성애자, 양성구유, 퀘스처너리 등등 다양하죠.

이 사람들이 존재하는 건, 실제로 생물학적으로 성별이 정확히 나뉘지 않아서예요. 자연스러운 일이라고요!

아까 《어둠의 왼손》을 소개해주셨는데, 성별의 문제를 다룬 SF도 물론 더 있겠지요?

앗, 제발 그 질문만은…….

당연하죠!

 상덕의 SF Talk!

〈허랜드〉 샬롯 퍼킨스 길먼 Charlotte Perkins Gilman, 1915

페미니즘 유토피아 소설의 효시와도 같은 작품이에요. 저 유명한 《이갈리아의 딸들》도 이 소설의 영향을 받았다고 하죠. 〈허랜드〉에서는 무성 생식으로 번식하는 여성으로만 구성된 사회가 나와요. 그리고 그 사회는 전쟁도 갈등도 계급도 없는 이상 사회로 묘사되죠.

《완전사회》 문윤성, 1965

이 소설은 한국 SF 문학 사상 최초의 성인용 장편 소설로 꼽혀요. 이 소설에서는 남자 주인공이 동면했다가 먼 미래에 깨어나 보니 전 세계를 여성이 지배하고 있었죠. 남성들은 모두 화성으로 쫓겨 가 있고요. 마찬가지로 여성들만 있다 보니 과거의 성 역할은 무의미해져 버린 세계를 그려요.

《블러드차일드》 옥타비아 버틀러 Octavia E. Butler, 1984

옥타비아 버틀러는 최초의 흑인 여성 SF 작가로도 유명하죠. 이 충격적인 소설에는 인간이 외계인과 공존하면서 외계인이 인간의 몸에 알을 낳아 자손을 이어 가는 세계가 나와요. 이 세계에서는 남자도 여자와 마찬가지로 임신을 하고, 몸의 피부를 갈라 피투성이로 아이를 낳죠. 이 소설은 남성의 입장에서 임신과 출산을 상상할 수 있게 만든 놀라운 작품이에요. 남성과 여성을 구분하는 가장 큰 특징인 임신과 출산, 그리고 그 구분에 부여한 의미를 다시 생각해 보게 만들었죠.

《이갈리아의 딸들》 게르드 브란튼베르그 Gerd Brantenberg, 1977

노르웨이의 여성 운동가이자 작가인 게르드 브란튼베르그의 작품으로, 통상적인 남녀의 성 역할이 완전히 반전된 세계가 나와요. 이 세계에서는 여자가 겪는 일상의 성추행, 차별도 모두 남자의 몫이죠. 성별을 뒤집어 보여 주는 것으로 여성이 겪는 일들이 얼마나 이상하고 불합리한지를 명백하게 보여 주는 작품이에요.

〈체체파리의 비법〉제임스 팁트리 주니어 James Tiptree Jr., 1977

인간이 체체파리가 성교를 못 하게 만들어 멸종시키는 연구를 하는 동안, 외계인은 인간의 성별 혐오를 자극하여 인간을 멸종시켜요. 역사적으로 전 세계에서 일어나는 광범위한 여성 살해를 충격적으로 묘사한 작품이죠.

제임스 팁트리 주니어는 공군이자 CIA 요원으로 활약한 작가로, 선 굵은 작품으로 'SF계의 헤밍웨이'로 불리기도 했어요. 본래 남성으로 알려졌다가 후에 여자인 것이 드러난 뒤 작가 세계에 충격을 주어, 성 역할과 편견에 대해 다시 생각하게 하는 계기를 만들었죠.

작가 로버트 실버버그 Robert Silverberg 는 제임스 팁트리 주니어가 여성일 가능성은 절대로 없다고 선언한 적도 있어요. 마찬가지로 SF 작가 시어도어 스터전 Theodore Sturgeon 은 "모든 훌륭한 신예 SF 작가는 여성이었다. 제임스 팁트리 주니어만 빼고."라고 말하기도 했어요. 하지만 알고 보니 제임스 팁트리 주니어도 여성이었죠.

이후 제임스 팁트리 주니어 상이 제정되어 성 역할의 편견을 깨는 작품에 수여되고 있어요.

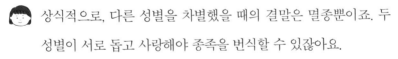

상식적으로, 다른 성별을 차별했을 때의 결말은 멸종뿐이죠. 두 성별이 서로 돕고 사랑해야 종족을 번식할 수 있잖아요.

하지만 〈체체파리의 비법〉에 나오는 젠더 제노사이드는 역사상 흔했고 지금도 지구 곳곳에서 일어나고 있어요. 차별과 혐오는 말할 것도 없고요. 종의 생존을 생각하면 기이한 현상이에요.

미국의 대표적인 인류학자인 마빈 해리스 Marvin Harris 가 자기 책에서 한 말이 있어요. 젠더 차별은 어쩌면 사실은 인류의 개체

수를 줄이기 위한 유전자의 전략일 거라고요. 사실 지구에 인류가 너무 많으니까요. 남자를 아무리 줄여도 인구는 줄지 않아요. 하지만 여자를 줄이면 인구는 확실하게 줄죠.

슬픈 일이네요.

○ ○ ○

그럼 결론을 내려 볼까요? 봉봉이 아까 물었죠? 인간이 자신의 몸을 기계로 바꿀 수 있게 되거나 기술로 성별을 바꿀 수 있게 되면 성 역할이 어떻게 될지.

차별이 사라질 수도 있고 반대로 심해질 수도 있을 것 같아요. 인터넷이 정보를 평등하게 퍼뜨리면서 차별을 없애 준 면이 있다면, 더 심하게 만든 면도 있는 것처럼.

그래요. 하지만 우리는 늘 역사가 좋은 방향으로 흘러가도록 노력해야죠.

질문 3: 여성 영웅상을 그려 낸 작품을 추천해 줄 수 있나요?

영화 〈에일리언〉을 추천해요. 시고니 위버가 연기한 '리플리'는 여성 전사로서 남근을 닮은 외계 괴물과 대결을 벌이죠. 주인공의 역할이나 모습이 단지 남성성의 모방일 뿐이라는 비판도 있어요. 감독이 여성도 남성성을 가질 수 있다는 의도를 실제로 심었을 수도 있겠지만, 사람이 순수하게 생존을 위해 싸우는 모습을 우리가 굳이 남성성으로 해석하는 걸지도 모르고요.

남성성을 모방하지 않은 여성 영웅상이라면 〈바람계곡의 나우시카〉1983 를 추천해요. 일본 애니메이션 역사에 길이 남을 전설적인 작품이죠. '나우시카'는 여성적이면서 주도적인 인물이에요. 분명한 여성으로서 온화한 마음을 갖고 있고 한 남자와 사랑도 하지만, 그것에 얽매이지 않아요. 모든 가치를 다 지키면서도 더 큰 뜻과 목적을 향해 나아가죠.

질문 4: 미래에는 남자도 아이를 낳을 수 있을까요?

남성의 직장에 여성 수정란을 착상시켜 키워 낸 사례가
실제로 있었지요.

공순은 고개를 절레절레 저었다.

 미래에는 남자가 아이를 낳기보다는 인공 자궁을 개발하
는 방향으로 가지 않겠어요? 최근 일본에서 염소의 태아
를 3주간 키워 낸 사례가 있어요. 여기까지 오는 데 10년
이 걸렸대요. 이 3주를 5개월로 늘려야 진짜 염소의 인공
자궁이 되겠지요. 그래도 앞으로는 가능할 거예요. 인공
자궁이 보편화된 세상을 상상해 보는 것도 재미있겠네요.

 올더스 헉슬리Aldous Huxley 의 《멋진 신세계》1932 에서는 공
장에서 아이를 생산해요. 아이들은 부모가 누군지 모르고
자라나고요. 물론 작가는 태어날 때부터 계급이 정해져 있
는 세상을 풍자했지만요.

 아이작 아시모프의 《로봇 1-강철 도시》1953 의 외계인들도
인공 자궁에서 태어나요. 그들은 가족의 개념이 없고, 타
인과의 접촉을 극단적으로 싫어하는 성향을 갖고 있지요.
전 인공 자궁이 보편화되면 사람들이 시험관 아기처럼 별

거부감 없이 이용하리라 생각해요. 출산의 고통과 위험을
감수할 이유가 없잖아요.

질문 5: 한쪽 성별이 모두 사라지면 어떻게 될까요?

남자들은 그런 상상 많이 하잖아. 세상에 남자가 나 하나
만 남는다면?

그런 상상을 대체 왜 하는 거야? 흔히들 세상에 자기 성별
이 혼자 남는다는 설정을 남자는 유토피아, 여자는 디스토
피아로 상상한다고 하더라고.

《체체파리의 비법》에 수록된 제임스 팁트리 주니어의 단
편 〈휴스턴, 휴스턴, 들리는가?〉에서는 그 환상을 정면으
로 반박해요. 한 우주선이 시간을 넘어서 미래의 인류가
탄 우주선과 만나요. 승무원들은 이 우주선에 여자가 너무
많다고 생각하고, 미래는 성이 평등한 세상이려니 생각하
죠. 하지만 차츰 깨닫게 돼요. 우주선의 모든 승무원은 여
자고, 미래의 인류는 전부 여자라는 걸요. 모종의 이유로
남자가 멸종한 거죠. 이 미래인들은 승무원에게 약을 먹여
무의식을 들여다봐요. 그리고 남자들은 노골적으로 자기
환상을 드러내 버리죠. '전 세계에 여자뿐이라니, 모두 줄

을 지어 나와 섹스를 하겠군!' 하고요. 하지만 미래인들은 고개를 저으며 이 남자들을 폐기해 버리죠.

브라이언 K. 본Brian K. Vaughan의 〈와이 더 라스트 맨〉2008 이 정말로 남자 하나만 남은 세상을 다룬 작품이에요. 인간뿐 아니라 모든 포유류의 수컷이 사라지죠. 남자가 주로 맡았던 일들이 마비되면서 세상이 재난에 처하는데, 그나마 성 평등이 좀 실현된 곳만 유지가 된다는 점이 풍자적이죠.

내 성별이 나만 남으면 자기가 귀해질 거라는 상상을 하게 되나 봐요. 하지만 정말 그럴까요? 요시나가 후미よしながふみ의《오오쿠》2005에서는 남자만 걸리는 괴질이 돌아서 남자의 수가 극단적으로 줄어들어요. 이 만화의 흥미로운 점은 남자의 숫자가 적어진다면 귀하게 여기고 존중할 것 같은데 실제로는 남자의 권위가 계속 추락한다는 점이에요. 마거릿 애트우드Margaret Atwood의《시녀 이야기》1985에서는 임신이 가능한 여자가 극단적으로 적어지자 거의 모든 여자가 노예나 다름없는 신세가 되어 버려요.

역사적으로도 여자의 수가 줄어들면 여성 차별이 심해졌어요. 비합리적이지만 말이에요. 소수자가 달리 소수자가 아닌 거죠. 자기 성별이 혼자 남으면 상상한 만큼 즐겁지 않을 거예요.

Chapter 4

지금껏 생각해 보지 않았던 것을 계속 상상해야 하는 이유

— 미래 기술이 만드는 새로운 철학

대화가 끝나자마자 다섯은 일시에 조용해졌다.

붕붕이 있던 자리에는 고등학생쯤 되어 보이는 주근깨 가득한 여자애가 앉아 있었다. 여자애는 일어나더니 헛둘, 헛둘 하고 기지개를 펴며 딱딱한 운동을 했다.

"아, 몸에다 홀로그램을 덧씌운 거예요. 이상하게 생각하지 마세요. 원래는 이 모습으로 왔어야 했죠. 그랬으면 사람들 사이에 자연스럽게 섞였을 텐데."

"저, 저, 정말로 미래 기술……?"

공순이 소리를 지르며 벌떡 일어났다.

"와, 너 변신도 하네? 다른 기술도 있어?"

직원이 박수를 짝짝 치며 신기해했고 봉봉은 뒷머리를 긁으며 머쓱해했다.

"아뇨. 아직 제가 기능을 다 못 떠올려서……."

"그래? 그럼 이번엔 '기능'에 대해 토론을 할까?"

"그러면 좋겠네요."

공순은 '으아아아' 하며 이리 갔다 저리 갔다 하다가 휴대폰을 꺼내 들었다.

"이럴 때가 아냐! 112, 119! 어디든 알려야!"

"알려서?"

상덕이 말했다.

"뭘 하게? 미래에서 로봇이 왔는데 변신도 한다고 말하게? 요샌 미래인 신고 전화도 있냐? 요새 행정부엔 '미래로봇외교부'라도 있대?"

"그럼 어쩌라고!"

공순이 돌아보니 상덕은 활활 타오르고 있었다.

"우린 지금 잘하고 있어. 봉봉이 지금 여기까지 기억을 찾았잖아. 조금만 더 하면⋯⋯."

"더 하면?"

"내 앞에서 SF의 세계가 실제로 펼쳐지다니! 꿈이 이루어졌어! 덕후로 살다 보면 언젠가 이런 날도 올 줄 알았지!"

공순은 비틀거리며 발을 헛디뎠다.

"맞아요. 우리는 인류 종말을 막아야 하니까!"

직원이 신난 얼굴로 "이예!" 하고 주먹을 들어올렸다.

"예, 멸망을 막아야 해요!"

봉봉이 같이 신난 얼굴로 팔을 들어올렸다.

"여러분은 계속 토론을 해 주셔야 합니다."

봉봉이 갑자기 진지해져서는 말했다.

"지금 절 다른 곳에 보내시면 안 됩니다. 제가 지금 계산한 바로는, 제가 여기서 문제를 해결해야 하는 시간까지 열 시간이 채 남지 않았어요. 저는 다른 곳에 갈 시간도, 다른 사람을 만날 시간도 없어요. 인류의 종말을 막기 위해서, 여러분이 이 자리에서 제 데이터를 모두 정돈해 주셔야 합니다."

다섯은 모두 침을 꿀꺽 삼켰다.

"그래서, 인류가 어떻게 멸망하는데?"

작가가 진지하게 물었다.

"아까 나왔던, 인간이 로봇을 차별한 것과 관계가 있는 문제야?"

"기술……."

봉봉은 턱을 괴고 생각에 잠겼다.

"기술?"

기자가 물었다.

"기술적인 문제입니다. 그런데 그 부분을 모르겠어요. 뭔가…… 데이터 업로딩에서 문제가 생겼는데……."

기자가 손가락을 딱 하고 튕겼다.

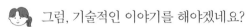 알겠어요! 우린 지금까지 봉봉의 정체성에 대한 토론만 했어요. 기억과 인공지능과 성별에 대해서요. 그래서 봉봉이 모습은 만들 수 있게 됐지만 아직 기능은 못 찾은 거예요.

그럼, 기술적인 이야기를 해야겠네요?

무슨 기능? 레이저 포? 해킹? 핵폭탄?

지금까지처럼 봉봉이 적당한 질문을 떠올리지 않겠어요?

봉봉은 눈을 감고 생각에 잠겼다가 입을 열었다.

"만약 미래에 사람들의 생각을 모두 데이터로 바꾸어 정보화할 수 있다면 어떻게 될까요?"

질문 1: 만약 사람들의 생각을 모두 데이터로 바꾸어 정보화할 수 있다면 어떻게 될까요? 진정한 직접 민주주의가 이루어질까요?

 이건 **하이브 마인드** Hive Mind 에 대한 질문이군요.

 그건 또 뭔가요?

 벌떼, 개미떼처럼 개체 하나하나가 독립된 생각과 행동을 하는 것이 아니라 전체의식의 터미널로서 기능한다는…….

 ……SF에 자주 등장하는 소재예요!

 그 SF에 자주 등장하지 않는 소재가 대체 뭐야?

 상덕의 SF Talk!

《스타십 트루퍼스》 로버트 A. 하인라인 Robert Anson Heinlein , 1959

이 소설에 나오는 우주 전쟁의 상대편 외계 생명체 '아라크니드'가 바로 그런 생물이에요. 그러고 보니 영화 〈매트릭스〉의 스미스 요원도 중앙 컴퓨터 AI의 지령에 따라 움직이는 수많은 복제 터미널이죠?

이 소설이 없었다면 밀리터리 SF가 없었을 거라고 평가될 정도로 유명한 고전이에요. 저 유명한 게임 '스타크래프트'도 이 소설의 영향을 강하게 받았지요. 강화복이나 파워 슈트의 개념이 여기서 처음 나왔어요. 하인라인은 실제 우주복을 만들던 연구원이기도 했고요.

《심연 위의 불길》 버너 빈지Vernor Vinge, 1992

이 소설에도 생각을 공유하는 외계인이 등장해요. 이 세계의 생물들은 여러 명이 모여 의식을 공유해서 한 개체로 행동하죠. 숫자가 많이 모이면 지능이 높아지고, 개체 중 일부가 죽으면 지능이 낮아지는 것은 물론 다른 인격이 되어 버리기도 해요.

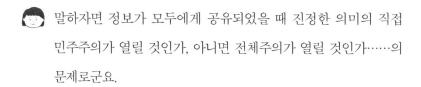 말하자면 정보가 모두에게 공유되었을 때 진정한 의미의 직접 민주주의가 열릴 것인가, 아니면 전체주의가 열릴 것인가……의 문제로군요.

공순과 상덕이 뒤에서 서로 뒤엉켜 투닥거리는 동안 작가가 턱을 괴고 말했다. 기자가 수첩을 몇 장 휙휙 앞으로 넘겼다.

이건 우리가 조금 전에도 이야기했던 주제네요. 인터넷이 극단화와 혐오를 부추기는 면에 대해서요.

극단주의의 이면

하지만 정말로 억압받는 소수자에게는 극단주의가 도움이 될 수도 있다는 분석도 있어요. 이건 중국에서 한 실험인데, 남자들이 있을 때에는 의견을 내지 않던 여성들이 여성들만 모인 자리를 만드니 비로소 여성의 인권에 대한 의견을 내더래요.

굳이 미래 기술을 생각하지 않아도 돼요. 현대 인터넷 기술로도 직접 민주주의는 이미 가능해요. 실제로 인터넷 세상에서는 보통의 개인도 언론과 마찬가지로 정보를 퍼뜨릴 수 있지요. 그런데 과연 지금 인터넷이 직접 민주주의를 이루고 있을까요?

그렇게 생각하지 않아요. 권력자들은 물론이고, 하다못해 작은 기업도 가짜 뉴스를 뿌리고 댓글을 잔뜩 달아서 여론을 속이잖아요.

인터넷은 모든 개인이 발언할 수 있는 대신 한 개인을 무수히 복사할 수 있어요. 수십, 수백 개의 아이디를 만들어서요. 공평하게 한 명이 하나의 투표를 한다는 원칙을 깨는 거죠.

공순과 투닥거리던 상덕이 "잠깐 타임!"이라고 외치며 말했다.

하지만 정말로 직접 민주주의를 구현한다고 해서 그게 꼭 그게 좋은 결론이 난다는 보장은 없어.《데모크라티아》를 봐도 그렇잖아.

《데모크라티아》 마세 모토로 間瀬 元朗, 2013

　이 만화에서는 여성형 안드로이드가 동시 접속자 3000명의 집단 의사 결정대로 움직여요. 이 안드로이드는 다수결의 원리로만 행동하는데 마치 인격화된 민주주의처럼 보이죠. 하지만 그 행동이 늘 좋은 것만은 아니에요.

공순이 안경을 들었다 놨다 하며 동의했다.

맞는 말이야. 알파고가 이세돌을 바둑으로 이긴 직후에 마이크로소프트에서 인공지능 테이 Tay, 2016 를 만들어 트위터에서 대화를 수집해 성장시킨다는 계획을 세운 적이 있어. 하지만 반나절도 되지 않아서 마이크로소프트는 테이를 인터넷에서 내려야 했어. AI가 순식간에 혐오 발언을 배우기 시작한 거야.

인터넷 데이터 대다수가 혐오 발언이었던 거군요.

만약 사람들 대다수가 편협하고 차별적이고 이기적인 생각을 한다면, 정말로 완전히 모든 사람의 생각을 모았을 때는 차별적이고 편협한 결론이 나올 수도 있겠지요.

하지만 소수가 결정한다고 해서 민중을 위한 결론을 내리지도 않지요. 왕정 시대가 왜 끝이 났겠어요. 민주주의는 그나마 우리가 택한 가장 합리적인 정치 제도예요.

혹시 미래엔 민주주의 다음의 정치 체제가 생겨날 수도 있을까요?

어쩌면요. 그런 제도를 우리가 아직 상상해 내지 못했지만요.

다섯은 잠시 침묵했다.

인터넷은 자신이 원하는 정보만, 그것도 엄청나게 많은 양으로 볼 수 있는 공간이죠. 과거의 극단주의가 종교 사원에서 생겨났다면 지금은 인터넷 커뮤니티에서 생겨난다고 해요.

실은 인터넷에 정보가 너무 많아요. 뭐가 맞는지 틀리는지도 모르겠다니까요. 그러다 보니 생각하는 걸 포기하고, 자극적이거나 감각적인 것만 찾게 되는 것 같아요.

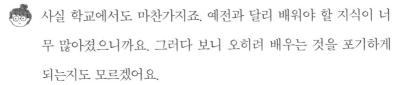 사실 학교에서도 마찬가지죠. 예전과 달리 배워야 할 지식이 너무 많아졌으니까요. 그러다 보니 오히려 배우는 것을 포기하게 되는지도 모르겠어요.

1920년대는 세계가 웰스의 영향 하에 있었다고 해요.

허버트 조지 웰스 Herbert George Wells 말이지?

한국에서는 SF 작가로만 알려져 있지만 사실 웰스는 세계적인 사상가였죠. 세계평화주의자였고, 인류가 과학으로 어리석은 미신을 극복하여 하나의 세계 국가를 만들 수 있다고 믿은 낭만주의자이기도 했어요. 그 사람의 영향으로 국제연맹과 국제연합의 구상이 생겨났다고도 하죠.

낭만주의의 시대였다는 건가요?

하지만 웰스의 시대에 같이 영국에 살았던 조지 오웰의 생각은 달랐죠. 그 사람은 웰스의 생각을 비웃으면서 《1984》를 써서 과학 기술이 가져올 디스토피아를 경고했어요.

두 사람의 가치관은 달랐어도, 두 사람 다 열렬한 사회주의자였다는 건 또 재미있는 점이죠.

 작가의 SF Talk!

《1984》 조지 오웰 George Orwell , 1949

조지 오웰이 제2차 세계 대전 직후 쓴 작품이에요. 스탈린주의와 전체주의를 강렬하게 비판한 소설이죠. 한국에서는 반공 소설로 오해되어 일찍이 한국 전쟁 중에 번역된 작품이기도 해요. 하지만 조지 오웰은 진짜 사회주의자였기 때문에 전체주의를 용서할 수 없었던 거죠. 이 소설이 예상하는 대량 감시 체제는 지금 모두 기술적으로는 가능해요. 권력자들이 도덕과 양심을 조금 버리기만 해도 《1984》의 세계는 지금 당장이라도 어디서든 출현할 수 있다는 뜻이에요.

상덕의 SF Talk!

《리틀 브라더》 코리 닥터로우 Cory Doctorrow, 2008

《1984》를 봤으면 다음에는 《리틀 브라더》를 보도록 해요. 《리틀 브라더》는 《1984》에 나온 '빅 브라더'에서 따온 제목으로, 현대의 대량 감시는 위가 아니라 아래에서, 일상 속에서 진행된다는 것을 보여 줘요. 이 소설에 등장한 풍경은 인터넷이 발달한 한국과 너무 닮아서 한국인에겐 감흥이 다를 거예요.

웰스도 말년에는 오웰처럼 인류에 대해 실망하면서 죽었어요. 거의 예언가에 가까웠던 웰스는 자신의 소설에서 핵무기와 공중전, 대량 살상 무기를 예언했는데, 제2차 세계 대전에서 자신이 예언한 모든 일이 일어나는 것을 자기 눈으로 보고 말았죠. 말년에 자기 소설의 재간본에 "내가 뭐랬어, 이 멍청이들아!"라는 서문을 남기기도 했어요.

사실 아인슈타인을 찾아가 핵무기 제작을 부추긴 레오 실라드르는 웰스의 소설에서 영감을 얻었다고 하잖아. 아이러니라니까. 웰스가 핵무기를 상상하지 않았더라면 핵무기가 세상에 없었을지도 몰라.

왜 기술이 발전하고 지식이 쌓이는데도 오히려 사람들의 의식이 후퇴하는 것처럼 보일 때가 있을까요?

질문 2: 정보 기술의 발전은 도덕의식을 바꾸죠. 극단적인 정보화 시대, 도덕에 대한 인식은 어떻게 변화할까요?

아무리 인류의 지식이 계속 발전한다고 해도 사람은 결국 매번 새로 태어나니까요. 누구나 태어났을 때에는 모두 백지에서 시작해요. 딱 한 세대만 역사를 배우는 것을 게을리 해도 지금까지 쌓아 온 모든 기록이 사라질 수 있지요.

그리고 그런 일들은 격렬한 방식으로도 일어나죠. 캄보디아에서도, 중국에서도 지식인들을 살해하면서 역사를 후퇴시킨 일이 있으니까요.

 작가의 역사 Talk!

킬링 필드 The Killing Fields

킬링필드는 1960~1970년대에 캄보디아에서 일어난 학살 당시의 집단

매장지예요. 당시에 폴 포트 Pol Pot 가 이끄는 캄보디아 정부는 국민의 9분의 1을 살해했어요. 안경을 꼈거나 떨어뜨린 책을 바로 들면 글자를 읽을 줄 안다는 이유로 살해했다고 해요. 이 학살로 캄보디아의 교육은 완전히 단절되어 버렸고 아직도 회복되지 않고 있어요. 기성세대 중에 교육을 받은 사람이 남지 않았으니 아이들을 가르칠 사람들도 없는 거죠.

윤리와 도덕은 기술처럼 계속 발전하지 않아요. 매 시대마다 새로 노력해야 하는 것이라고 생각해요. 안 그러면 늘 야만적인 시대로 돌아갈 가능성이 있어요.

바로 그래서 SF를 읽어야 하는 거죠.

상덕이 싱글벙글하며 말했다. 기자가 머리를 긁적였다.

또 SF인가요?

그래요. 세상은 계속 변하고, 늘 그보다 앞선 세상의 윤리적인 고민이 필요해요. 그래서 우리는 SF를 쓰고 또 읽어야 해요.

예전에는 한 사람의 일생 동안 세상이 그리 변하지 않았지만, 지금은 몇 년 사이에도 믿을 수 없이 바뀌어요. 아이폰이 최초로 나온 게 2007년인데, 10년도 되지 않아서 스마트폰이 없는 삶을 아무도 상상하지 못하게 되었지요.

1978년에 세계 최초로 시험관 아기가 생겨났어요. 그때 과학자들은 고민을 했겠지요. 정말 제대로 된 아기일까? 문제는 없을까? 자연 수정을 통해 태어난 아이와 뭔가 다르지 않을까? 당시에는 실제로 그런 아이들이 차별받는 SF도 나오곤 했어요. 하지만 봐요. 아무 일도 없잖아요! 인공 자궁이나 복제 인간이 생겨나도, 그게 아무 일도 아닐 수 있는 거예요.

상덕의 SF Talk!

《영원한 전쟁》 조 홀드먼 Joe Haldeman , 1974

이 소설의 주인공이 우주 전쟁에 나갔다가 귀향했을 때엔 상대성이론 때문에 지구는 이미 몇 천 년이 지나 버린 뒤였어요. 그때에 지구에는 똑같이 생긴 사람들만 살고 있었고 가장 우월한 유전자의 복제 인간으로만 후손을 잇고 있었지요. 세상의 가치관이 변하면 그렇게 아이를 낳아도 아무도 이상하지 않게 생각할 수도 있어요.

사실 이 소설은 《스타십 트루퍼스》의 안티테제antithese, 그러니까 반대편의 관점에서 쓴 소설이에요. 하인라인이 군인 정신과 전우애를 멋지게 그렸다면 조 홀드먼은 비슷한 세계를 그리면서 대신 전쟁의 비극을 강조했죠. 마찬가지로 밀리터리 SF의 고전이에요. 두 소설을 같이 보면 재미있을 거예요.

《멋진 신세계》 올더스 헉슬리

다들 아는 소설이죠? A.D.(기원후)가 아닌 A.F.(After Ford) 시대, 헨리 포드를 신처럼 떠받드는 미래 세계가 배경이에요. 실용성을 가장 높은 가치로 생각하는 이 시대에는 모든 아이들이 인공 수정으로 태어나요.

그리고 그게 아무 일도 아닐 수 있게 될 때엔, 언제나 SF의 도움이 있을 거예요.

이미 SF로 시뮬레이션을 하고 상상해 보았기 때문이라는 거죠?

마치 여러 갈래의 미래를 미리 다 가 보고 가장 좋은 미래를 선택하는 것처럼요!

그 말이 맞아요. 우린 계속 지금껏 생각해 보지 않았던 것을 상상해야 한다고 생각해요. 저는 사람은 자기가 생각지 못한 것을 최초로 접했을 때 대부분 차별로 반응한다고 생각해요. 다른 인종, 다른 종교의 사람들, 생각하는 로봇, 복제 인간을 마주할 때에도 제일 처음에는 차별을 하겠지요. 만약 SF로 미리 그런 상상에 익숙해진다면 그 기간을 줄일 수 있을지도 몰라요.

질문 3: 앞으로 10년, 50년 안에 컴퓨터, 휴대폰처럼 우리 생활을 크게 바꿀 물건이나 개념이 나온다면 어떤 것일까요?

'**인공지능**'이라고 생각해. 아까 상덕과 작가가 하는 이야기를 듣고 생각했는데 말이지.

인공지능은 인간의 두뇌와 연산 방식이 달라. 그러니까 인간이 지금껏 상상해 보지 못한 종류의 감정을 갖게 될 수도 있어. 아니면 이미 갖고 있을지도 모르지. 인공지능은 사람이 만들었지만 인간의 사고의 한계를 뛰어넘는, 모든 선입견과 고정 관념들로부터 자유로운 사고와 발상을 할지도 몰라. 어쩌면 그들이 인류의 한계 때문에 지금까지 가지 못한 미래로 훌쩍 우리를 데려갈 수도 있겠지.

야, 너 SF 같은 소리를 다 한다?

과학이라고, 과학!

이제 그만 SF와 과학은 멀리 떨어져 있지 않다는 걸 인정하라고. '**나노 기술**'은 어때? 그레그 이건의 《쿼런틴》1992은 나노 기술이 극단적으로 발전한 세상이라 사람들이 뇌에 나노 칩을 하나씩 심고 다녀.

난 50년 안에는 스마트폰의 모든 기능이 손톱만 한 크기로 줄어들어서 두뇌나 몸에 이식할 수 있지 않을까 싶어. 사실 사람들한테 이런 칩을 이식하겠느냐고 물으면 꽤 많은 사람들이 하겠다고 하더라고.

'3D 프린터'는 어떨까? 코리 닥터로우의 단편 소설 〈프린트 범죄 Printcrime 〉2006 에는 3D 프린터를 만드는 3D 프린터 이야기가 등장해. 이 세상에서는 모두가 자기 집에서 필요한 모든 물건을 만들 수 있게 돼. 우주에 진출할 때에도 물건을 싸 들고 갈 필요 없이 3D 프린터와 매뉴얼만 있으면 되지.

A. E. 밴 보그트 A. E. Van Vogt 의 소설 《우주선 비글 호의 항해 The Voyage of the Space Beagle 》1950 에 나오는 설정이네. 이 소설에서는 우주 괴물을 퇴치하려고 무기를 대량으로 생산하고, 그 생산 기계 자체를 또 대량 생산해. 영화 〈금지된 세계〉1956 에 나오는 로봇 '로비'도 어떤 물체든지 복제해 내는 능력이 있어. 거기 우주 탐사대원이 로비에게 술을 주고 복제해 달라고 하는 웃긴 장면도 나오지.

스마트폰은 휴대폰과 컴퓨터가 결합한 것만으로 생활 전체를 바꾸었지. 어쩌면 세상을 바꿀 물건은 그렇게 대단한 물건이 아닐지도 몰라.

상상해 보자고. SF를 통해서!

질문 4: 지금 세계가 〈매트릭스〉처럼 누군가가 만든 시뮬레이션일 수도 있을까요?

고전적인 질문이지? 공순이가 아까 '통 속에 든 뇌' 가설을 소개했잖아. 장자의 유명한 질문이지. 내가 나비의 꿈을 꾸는가, 나비가 내 꿈을 꾸는가.

〈매트릭스〉1999 외에도 이 가설을 다룬 SF는 많아. 〈큐비스트〉2000 라는 SF 영화의 주인공은 수조 속에 담긴 뇌야. 이 주인공이 바닷가에서 연인과 함께 앉아서 이야기를 나누는데 수평선 너머 반짝거리는 불빛이 보이는 거야. 알고 보니 뇌가 담긴 수조 바깥에 있는 LED 불빛이었던 거지. 〈13층〉1999 이라는 영화도 우리 세계가 사실은 컴퓨터 가상 세계라는 설정이고, 앞에서 말했듯 《공각기동대》에도 등장인물에게 가짜 기억을 심어 진짜라고 믿게 만드는 이야기가 나와. 영화 〈바닐라 스카이〉2001 도 그래. 이 영화에서 주인공이 경험하는 세계는 모두 꿈의 세계지. 필립 K.

딕의 《유빅》도 반쯤 죽은 사람들의 꿈속에서 벌어지는 이
야기야.

실제 물리학에도 '시뮬레이션 우주론'이라는 게 있어. 우리
가 사는 우주가 하나의 시뮬레이션이라는 이론인데, 이론
적으로는 가능하지. 증명할 수 없을 테지만.
다시 말하자면 있다는 것을 증명할 수 없지만 그렇지 않
다는 것도 증명할 수 없는 가설이지. 그러니 사실일 가능
성은 있어.

질문 5: 꿈을 조작할 수 있는 기계가 있어서 꿈속에서 내 마음대로 할 수 있다면 어떨까요?

〈인셉션〉2010 이 바로 꿈을 조작해서 사람의 생각을 바꾸
는 영화지?

실제로 〈인셉션〉에서처럼 강제로 자각몽을 꾸게 하는 기
계는 아직 실험 단계지만 존재해. 꿈을 꾸는 동안에도 청
각은 깨어 있다는 점을 이용해서 특정한 음악을 들으면
이것이 꿈이라는 것을 알 수 있도록 훈련을 한대.

・SF는 인류 종말에 반대합니다

잠잘 때 몸은 어떻게 변할까?

수면 중에 일어나는 몇 가지 신체 증상이 있는데, 그중 하나는 '마비'야. 척수에서부터 신경이 끊겨 몸을 움직이지 못하게 돼. 그렇지 않으면 꿈에 맞추어 몸을 움직이다가 다치거든. 그 기능에 문제가 생겨서 자고 있는데도 움직인다면 몽유병이 되지.

두 번째는 '환상'이야. 말하자면 꿈이지.

세 번째는 '이성의 파괴'야. 비논리적으로 변한다는 거지. 사실 꿈은 난립하는 생각이 그대로 나타나는 거야. 하지만 이성이 돌아오면 자신의 생각대로 꿈이 진행되는 걸 자각하게 돼. 그게 자각몽이야.

꿈은 보통 깊이 잠들었을 때에 시작되어야 하는데, 리듬이 좀 망가져서 막 잠들기 시작하자마자 꿈이 시작되는 경우가 있어. 그게 가위야. 제정신으로 꿈을 보게 되는 거지.

하지만 가위는 그냥 꿈과 동일한 것이라고 생각해야 해. 단지 제정신일 때 보는 거지. 가위가 대부분 공포스러운 건 제정신으로 환상을 보면 그 자체로 공포스럽기 때문인데, 꿈은 결국 생각을 반영하기 때문에 그 공포의 감정을 그대로 환상으로 보여 주거든.

피곤하거나 스트레스를 받을 때 가위에 눌리는 건, 피곤하면 신체 리듬이 망가져서 급격히 잠이 들거나 꿈이 나타나는 시기가 바뀌기 때문인 거지.

 빔 벤더스Wim Wenders 감독의 영화 〈이 세상 끝까지〉 1991

에서는 꿈을 보여 주는 기계가 등장해. 이 영화에서는 인공위성 추락으로 대규모 재난이 임박하면서 사람들이 일상을 포기하고 꿈 기계에만 몰입하고 탐닉하게 돼.

시미즈 레이코淸水 玲子의 만화《비밀》2001도 머릿속을 열어서 기억을 들여다보고 이것을 이용해 범죄 사건을 해결하는 이야기지? 체험에는 주관과 환상이 섞여 있어서 정확하지 않다는 설정이 추가되지.

모든 사람이 서로의 생각을 읽을 수 있게 된다면

– 인류는 어떤 방식으로 진화하게 될까?

띠로리로링 ♬

경쾌한 소리와 함께 봉봉의 등에 붙은 배터리 잔량 표시에 네 번째 불이 들어왔다. 시간은 자정을 넘어 새벽을 향해 가고 있었다. 봉봉은 도로 로봇의 모습으로 돌아와 있었다.

"전 인류의 생각을 다 모을 수 있다고 해서 그 결과가 좋다는 보장은 없다……."

봉봉은 구슬픈 얼굴로 천장을 보았다.

"그렇군요. 어리석은 선택을 하는 사람들이 종종 현명한 선택을 하는 사람들보다 더 많으니까요."

"봉봉, 무슨 일이 일어난 거야?"

직원이 물었다.

"미래의 인류에게 무슨 일이 생기는 거야?"

봉봉은 하늘을 한 번 쳐다보았다가 입을 열었다.

"지금으로부터 50년 후에는, 가상 공간이 지금의 인터넷을 대체하고 있습니다."

어디선가 차가 '빠빵' 하는 경적을 울리고 지나갔다.

😊 오, 이거야말로 내가 듣고 싶던 이야기야.

😮 많은 인류가 가상 공간과 현실을 오가며 살지요. 물론 가상 공간
이 보급되지 않은 제3세계 국가들도 있지만요. 한국은 누구보다
도 빨리 가상 공간 업데이트를 마쳤어요. 1~2년 사이에 세금이
나 등록금 내는 일까지도 가상 공간에서 하도록 제도가 바뀌었
죠. 노인들은 접속도 잘 못하는데요.

😐 어떤 면에서는 참 변함이 없네.

기자가 손을 들고 질문했다.

"질문이 있는데, 혹시 그 시대의 정치 제도는 어때? 지금과 똑같아?
아니면 새로운 정치 제도가 생겼어?"

"정보 수집 기술이 지금보다 훨씬 발달해 있기 때문에, 정책 설문 조
사를 여러 번 해서 그 사람이 원하는 정책과 가장 비슷한 정책을 내세
운 당과 후보자에게 표가 갑니다. 설문 조사의 방식이 다양해서 조작은
거의 불가능하고요."

"흠······. 그거 재밌네."

"옛날 사람들은 정책을 조금도 보지 않고 무조건 1번에 표를 주는 일
이 많았다고 하더라고요. 그러면 말만 번드르르하게 하는 사람들이 정

치가가 되었을 텐데요."

"지금 살짝 비웃는 것 같지 않았어?"

상덕이 공순에게 속삭였다.

"그러게. 살짝 비웃는 것 같은데."

그러면 그때엔 사람의 인격을 가상 세계에 복사해서 업데이트하고 살아? 매트릭스처럼?

살아 있는 사람의 인격을 복사하는 것은 허용되지 않습니다. 윤리적인 문제가 있으니까요. 하지만 죽은 사람은 허용되지요.

역시나.

가상 공간 안에는 디지털 납골당이 있습니다. 가족이 죽기 전에 유족들이 납골당 비용을 내고 가족이 그 인격을 복사해 저장해 둡니다. 그러면 죽은 뒤에도 고인을 만나서 대화할 수 있지요.

다섯은 고개를 끄덕이며 들었다.

유명인들은 사후 콘서트도 해요.

콘서트?

유명한 사람들, 연예인이나 만화가, 가수들은 유족 이외에도 만나고 싶어 하는 사람들이 많으니까요. 유족이 돈을 받고 콘서트를 열죠. 얼마 전에 한 아이돌이 교통사고로 죽었는데 추모객이 계속 줄을 이어서 일주일에 한번은 가상 세계 안에서 콘서트를 열기로 했어요. 유족은 떼돈을 벌고 있고요.

😑 윽, 그거 이상하지 않아?

😮 우리 시대에는 이상하다고 생각하지 않아요. 단지 살아 있을 때 번 돈은 소속사가 가져가지만 죽은 뒤에는 가족이 가져가서……. 그 돈을 노리고 연예인 자식을 살해하려던 사건이 있어서 난리가 난 적은 있어요.

🙂 잠깐, 그럼 그 인격들은 그런 걸 안 할 때엔 납골당 안에서 뭘 하는데?

🐼 전원을 꺼 둡니다. 비활성화 상태라고 해야겠죠.

"그럼 미래엔 사람들이 영생을 누린다는 뜻이야? 죽어도 가상 세계 안에서 영원히 사는 거지?"

직원이 몸을 바짝 기대며 물었다. 봉봉이 고개를 저었다.

"아뇨. 여러분이 지금까지 계속 이야기하지 않았나요. AI가 본래의 인격을 흉내 내는 것뿐입니다."

"하지만."

작가가 말했다.

"다른 사람에게는 그 사람이 살아 있는 것이나 다름없게 느껴지겠지."

봉봉이 고개를 끄덕였다.

"맞습니다. 영혼이 담긴다고 믿는 사람도 있어요. 예전에도 사진을 찍으면 영혼이 담긴다고 믿는 사람들이 있었다면서요."

👧 난 그 납골당 이용하고 싶은데. 돌아가신 부모님을 계속 만날 수 있다니 얼마나 축복이야.

🐼 그런 사람도 있고 그렇게 생각하지 않는 사람도 있습니다. 제 시대에는 부모의 데이터를 저장하지 않으면 불효라는 생각이 퍼져 있어서, 부모와 사이가 정말 나쁜데 죽음으로도 헤어지지 못하고 울며 겨자 먹기로 데이터 저장을 한 뒤 계속 만나야 하기도 하죠. 얼마 전에는 누가 몰래 부모의 데이터를 망가뜨려 없앤 사건도 있었어요.

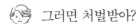 그러면 처벌받아?

애매하죠. 납골당은 사유 재산에 해당되니까요. 단지 하드웨어 손상이 있어서 회사에는 벌금을 좀 냈죠.

그런데 그러다 무슨 일이 일어난 거야?

여러분들은 초능력에 대해 혹시 아십니까?

그야 알지.

상덕이 답했고, 봉봉은 갑자기 말을 멈췄다.

다섯은 일제히 귀에 손을 대고 봉봉에게 몸을 최대한 붙였지만 봉봉은 꼼짝도 하지 않았다. 공순이 봉봉의 머리를 통통 쳤다.

뭐야? 고장 났나?

어…… 이거 아무래도…….

상덕이 말했고 직원이 신나는 얼굴로 말을 이었다.

토론을 계속해야 하겠죠?

질문 1: 인간이 초능력을 가질 수 있을까요? 가질 수 있다면 어떤 원리로 구현될까요?

공순이 "야, 초능력 같은 게 세상에 어디 있어……." 하는 것을 옆으로 밀치며 상덕이 앞으로 나섰다.

바로 올라프 스태플든의 《이상한 존》이 떠오르는데.

상덕의 SF Talk!

《이상한 존》 올라프 스태플든 Olaf Stapledon , 1935

이 책은 모든 초능력 소설의 원조야! 슈퍼맨이나 배트맨보다도 먼저 나왔거든. 지금 봐도 파격적이야. 주인공은 자신의 능력의 한계를 계속 시험해 보다가 자신과 비슷하게 초능력이 있는 사람들을 모아서 무인도에 그들만의 나라를 만들어. 그리고 그곳이 발각되자 폭파시켜 버리지.

이 소설의 재미있는 점은, 작가가 신체의 초능력자가 아니라 정신적인 초능력자를 상상했다는 점이야. 작가는 초월적인 지능을 가진 사람이라면 우리가 모르는 우주의 물리 법칙을 이용할 수도 있다는 상상을 해.

공순은 불만스러운 얼굴로, 하지만 인정한다는 얼굴로 팔짱을 꼈다.

지능의 초능력이라면 좀 말이 되네. 신체의 한계는 뚜렷하지만, 정신 능력에 대해서는 아직 우리가 모르는 게 워낙 많으니까.

테드 창의 〈이해〉1991, 아서 C. 클라크Arthur C. Clarke의 《유년기의 끝》1953, 시어도어 스터전의 《인간을 넘어서》, 피터 와츠Peter Watts의 《블라인드 사이트》2006에서 다루는 것도 모두 지능의 초능력이야.

상덕의 SF Talk!

《인간을 넘어서》 시어도어 스터전, 1953

이것도 초인 소설이야. 조금씩 부족한 여러 사람들이 모여 하나의 정신적 완전체인 '게슈탈트'를 이루게 돼. 이 사람들은 하나가 되었을 때엔 인간을 초월하는 신인류지만, 그 각각의 사람들은 사회에서 불완전한 사람으로 취급받는 장애인이라는 점이 재미있지.

초지능은 매력적인 소재지만 쓰기는 힘들어. 결국 내 머리로 상상한다는 점에서 내 지능보다 나은 존재를 만들어 내는 게 간단하지 않거든. 물론 나를 초월한 인격을 상상한다는 게 재미있을 때가 있긴 하지만. 소설가가 육체적인 초능력을 다루는 게 편하다 보니 사람들이 '초능력' 하면 육체적인 초능력을 먼저 상상하게 된 게 아닌가 싶네.

지능의 초능력이라면, 서번트 증후군도 그에 속하지 않을까요?

서번트 증후군

자폐는 보통 다른 인지 장애와 함께 오기 때문에 기본적인 능력이 같이 떨어지는 경우가 많지만, 지능이 높고 자폐 외에 다른 문제가 없는 극소수의 사람들은 공감 능력이나 융통성이 떨어지는 대신 뛰어난 암기력이나 계산력 등 특정 분야에서 천재성을 갖는 경우가 있어요.

 우리가 인공지능에 대해 토론할 때 계속 나왔던 이야기죠. 기계와 인간은 각자 뛰어난 점이 다르다고요. 자폐인과 인공지능의 사고방식은 유사한 점이 많아요. 자폐인이자 동물 박사인 템플 그랜딘의 책에 의하면, 자폐인은 기계처럼 직렬 사고를 하는 듯해요.

《나는 그림으로 생각한다》 템플 그랜딘 Temple Grandin , 1995

템플 그랜딘은 '고양이'라는 말을 들으면 자신이 지금까지 보아 왔던 모든 고양이를 다 줄줄이 떠올린대요. '위'라는 말을 들으면 테이블 위에 있는 고양이 같은 구체적인 모습을 떠올리지, 추상적인 개념을 떠올리지 못한다고요. 이건 컴퓨터가 데이터를 처리하는 것과 비슷하죠.

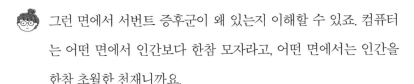

그런 면에서 서번트 증후군이 왜 있는지 이해할 수 있죠. 컴퓨터는 어떤 면에서 인간보다 한참 모자라고, 어떤 면에서는 인간을 한참 초월한 천재니까요.

아, 그걸 들으니 바로 떠오르는 SF가 있는데 말이죠.

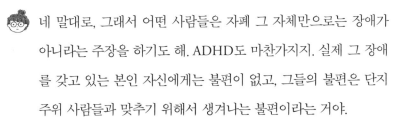

상덕의 SF Talk!

《어둠의 속도》 엘리자베스 문 Elizabeth Moon , 2002

이 소설은 자폐증을 치료하는 방법이 개발되어 자폐증이 거의 사라진 세상을 배경으로 해요. 이 세상에서 자폐증이 완전히 고쳐지지 못한 채로 남은 자폐인의 관점으로 쓴 글이에요. 보통 사람들은 자폐인을 장애인으로 보지만, 자폐인 입장에서는 세상 사람들이 오히려 장애를 가진 것처럼 이상해 보이죠. 말이 계속 바뀌고, 무례하고, 감정적이고, 다른 사람에게 간섭하니까요.

네 말대로, 그래서 어떤 사람들은 자폐 그 자체만으로는 장애가 아니라는 주장을 하기도 해. ADHD도 마찬가지지. 실제 그 장애를 갖고 있는 본인 자신에게는 불편이 없고, 그들의 불편은 단지 주위 사람들과 맞추기 위해서 생겨나는 불편이라는 거야.

니체가 말한 초인Übermensch도 어떤 의미에서는 정신적인 초능력자가 아닐까요? 만약 정말 정신적으로 완전히 강한 사람이 존재한다면 초능력자라고 불러도 좋을 것 같네요.

그 말을 들으니 생각나는 에피소드가 있는데, 제임스 랜디라는 사람이 초능력을 증명해 보이면 거액의 상금을 주겠다는 이벤트를 했는데, 실제로 아무도 성공하지 못했대요. 그런데 유일하게 그 사람이 초능력자라고 인정한 사람이 있어요.

 누군데요?

LP 레코드판을 힐끗 보는 것만으로 어떤 음악이 녹음되어 있는지 알아볼 수 있는 사람이요. 그 사람은 매일 레코드판만 보다 보니 판에 새겨진 미세한 패턴을 시각적으로 구별할 수 있었다는 거예요.

네 사람은 아아, 하고 고개를 끄덕였다.

생활의 달인 같은 거군요!

그렇군요. 점쟁이들도 실제로 점을 치는 것이 아니라, 오랫동안 여러 사람을 만나다 보니 고도의 눈썰미를 갖게 된 거라고 하잖아요.

시각을 잃은 사람이 청각이나 촉각 같은 다른 감각이 예민하게 발달하기도 하고요.

얼마 전에 세상에서 가장 눈이 좋은 사람들이 사는 섬에 대한 기사를 봤어요. 그 사람들은 늘 멀리 보는 훈련을 하다 보니 주민 평균 시력이 5.0이라는 거예요.

그렇게 생각하면 지금 인류의 감각도 훈련을 하느냐에 따라서 초능력에 가까운 수준으로 발전할 수 있겠네요.

영아는 손가락 끝마디가 절단되어도 흉터 없이 다시 자라나기도 한다고 하지. 로버트 베커 Robert Becker 라는 의학자가 쓴 책 《생명과 전기》에는 몸이 절단되는 사고를 당한 영국의 어떤 아이가 접합 수술 시기를 놓친 채로 방치되었는데도 잘렸던 부분이 완벽하게 재생된 사례가 나와.

추운 날씨에 얼어 죽은 줄 알았는데 몸이 따뜻해지면서 숨이 돌아온 사람도 있고 말이지?

〈심연〉 제임스 캐머런 James Cameron, 1989

이 영화에는 이 설정을 이용해 차가운 물속에서 막 죽은 사람을 되살리는 장면이 나와. 하지만 이런 식으로 사람을 살릴 가능성은 그야말로 기적에 가까운 일이겠지.

물론 이런 일은 만에 하나 있을까 말까 하겠지만.

초능력 연구의 어려운 점인 것 같아. 과학이 어떤 현상을 사실로 규정할 때엔 기본적으로 '같은 현상이 실험 상황에서 다시 똑같이 발생하는' 경우에 한하잖아. 하지만 초능력이나 초현상은 반복되지 않아. 통계를 낼 수 없는 현상은 설사 관찰되었다 해도 과학으로 증명하기 어려운 거지.

대부분의 초현상은 심리적인 착각이나 혼란이야. 사람의 인지가 명확하지 않아서 일어나는 일이지.

공순이 어깨를 으쓱하며 삐기는 얼굴을 하자 작가는 팔짱을 낀 채로 으음, 하고 생각에 잠겼다.

하지만 말야, 그게 설사 착각이나 혼란이라 해도 꼭 '초능력이 아니다'라고 말할 수는 없지 않을까?

무슨 소리야?

폴란드에는 연이어 기적이 일어나는 유명한 성당이 있어. 전쟁 중에 건물과 담벼락이 모두 무너졌는데 성모자 그림만 멀쩡하게 남아 있었던 거야. 물론 그건 우연한 일이었겠지만, 그래서 그 성모자 그림을 중심으로 세워진 성당에는 이곳에 왔다가 병이 나아서 돌아간 사람들의 목발 수백 개가 걸려 있어.

편향 오류야. 일단 병자가 많이 가다 보면 낫는 사람도 많을 거고, 사람이 나을 거라고 믿다 보면 또 몸이 나아지기도 하니까.

내 말이 그 말이야! 만약 사람의 마음이 사람을 낫게 한다면, 그게 초능력이 아니라고 말할 수 있을까?

아픈 사람이 자신이 죽는다고 확신한다면 그 믿음이 자신을 죽일 수도 있어. 반대로 산다고 확신해서 회복되기도 하고. 정신과 육신은 완전히 분리된 것이 아니니까.

그럴 때도 있고, 아닐 때도 있고 말이지.

서번트 증후군 이야기가 나와서 말인데, 사이코패스는 어때요? 인류의 2~3퍼센트는 사이코패스라는데, 하나의 돌연변이로 볼 수 있을까요?

질문 2: 사이코패스는 돌연변이일까요?

사이코패스는 최근에 나온 개념이에요. 함부로 말하기는 어렵네요.

그런 사람이 눈에 띄기 시작한 건 현대 사회가 사이코패스 성향의 사람이 생존하기 더 좋은 구조이기 때문이라고 해요. 현대 사회는 남에게 공감하지 못하고 남을 밟고 올라서야 성공할 수 있는 세상이니까요.

조금 전에 나왔던 ADHD도 마찬가지예요. 현대 사회는 암기력보다 정보 검색과 수집을 더 요구하죠. 기록의 대부분을 기록 장치에 맡길 수 있으니까요. 실제로 ADHD를 지닌 이들은 집중과 암기에는 약해도, 정보 수집과 멀티태스킹에는 훨씬 더 능하다고 해요. 그런데도 ADHD는 지금 같은 반복 암기 위주의 전통 교육 체계에서는 고통스러운 장애로 인식되는 거죠. 어떤 사람들은 만약 현대의 교육이 아이들을 들판에 풀어놓고 창작력과 아이디어를 보는 방식으로 변한다면 ADHD 아이들은 천재로 불릴 거라고 해요.

 사이코패스와 ADHD가 적응의 한 모습일 수도 있다는 건가요?

 자폐도 마찬가지고요. ADHD를 지닌 이들이 현대 교육에서 고통을 겪는다면 자폐인은 오히려 현대의 주입식, 암기식 교육에는 최적화된 사람일 수도 있어요.

 돌연변이는 환경이 어떻게 변할지 모르기 때문에 생겨나는 거죠. 만약 생물이 한 가지 종만 있다면 급격한 환경 변화로 한순간에 인류가 멸종할 수도 있으니까요.

그리고 자연은 늘 변해요. 지구의 온도가 1도만 올라도 생태계의 30퍼센트는 멸종한다고 하지요. 하지만 그 정도의 기온 변화는 지구의 역사에 언제나 있어 왔어요. 생물의 유전자는 다음 세기의 지구가 다른 환경에 있으리라는 것을 알고 있는 거죠.

 실제로 문자가 발명되었을 때 인간의 기억력은 급격히 퇴화되었다고 해요. 글을 읽는 능력도 실제로 인간의 본능은 아니라고 하지요. 하지만 글자가 생겨나자 인간은 날 때부터 글을 읽는 능력을 갖고 태어나게 되었어요.

태어났을 때부터 스마트폰을 접하는 세대가 생겨났으니, 다음 세대의 뇌는 아마 또 우리와 완전히 달라질지도 몰라요.

 상덕의 SF Talk!

〈인류 과학의 진화〉 테드 창, 2000

짧은 보고서 형식의 콩트인데, 먼 훗날 인류가 구인류와 신인류로 나뉘어 서로 소통하지 못하는 세상에 대한 이야기야. 구인류의 과학은 신인류의 과학을 분석하고 해석하는 데에 머물러. 인류가 진화하는 중간 단계에서 일어나는 상황을 상상한 거지.

그렇지! 봉봉은 자기 시대에는 인류 대부분이 가상 세계에서 살게 되었다고 했어요.

직원이 아직 눈만 데굴데굴 굴리고 있는 봉봉을 보며 손을 딱 쳤다.

인류가 스마트폰을 사용하는 것 이상의 방대한 정보 교류를 하는 세상에서 살게 되면, 인류는 또 완전히 다른 방식으로 진화하지 않을까요?

생각해 봐요. 요즘에도 트위터나 페이스북으로 사생활이나 자기 생각이 다 노출되는데, 그때가 되면 아예 모든 사람이 서로의 생각을 읽을 수 있게 될지도 몰라요!

질문 3: 모든 사람이 서로의 생각을 읽을 수 있게 된다면 어떻게 될까요? 왜곡된 프로파간다나 여론 조작은 더 이상 통하지 않을까요?

그거 완전히 알프레드 베스터의 《파괴된 사나이》의 세계네요.

 상덕의 SF Talk!

《파괴된 사나이》 알프레드 베스터 Alfred Bester , 1953

이 소설은 아서 C. 클라크나 아이작 아시모프, 로버트 하인라인을 제치고 무려 제1회 휴고상을 탄 작품이에요. 이 세계에는 텔레파시가 가능한 사람들과 그렇지 않은 사람들이 반반씩 섞여서 어우러져 살아가요. 텔레파시 능력자들이 일종의 세계의 감시자 역할을 하게 되고요.

여기서는 초능력이 없는 주인공이 텔레파시 능력자들을 속이기 위해 머릿속으로 계속해서 노래를 불러서 자기 생각을 읽지 못하게 해요. 그리고 자기 의도를 무의식 너머로 숨겨 놓고 본인 자신도 잊어버리죠. 하지만 자신의 의도를 스스로 잊은 것 때문에 문제가 생겨요.

휴고상

아, 휴고상은 SF계의 노벨상이라고 불릴 만큼 권위 있는 상이에요. 매년 독자 투표로 그해 최고의 작품을 선정하죠. 비슷하게 권위 있는 상으로는 네뷸러상이 있어요. 이건 미국 SF 판타지 작가 협회가 주는 상이죠.

인터넷이 가져온 세상으로도 유추해 볼 수 있지 않겠어요?

인터넷이 처음 등장했을 때에는 실상 기존의 여론 조작은 더 이상 불가능해진 것처럼 보였어요. 하지만 정부가 인터넷을 이용하게 되자 더 광범위한 여론 조작이 시작되었지요. 개인 사찰이나 감시도 훨씬 쉬워졌고요. 그래서 다시 그것을 깨기 위한 노력이 필요하게 되었죠.

그렇군요. 모두가 마음을 읽을 수 있다면 비슷한 일이 일어날지도 모르겠네요. 텔레파시를 통한 자유와 혁명이 오고, 다시 그로 인한 여론 조작이 생겨나고, 다시 그걸 깨는 기술이 생겨나고.

상덕의 SF Talk!

《사토라레》 사토 마코토 佐藤 マコト, 1999

이 만화에는 흔한 텔레파시 설정과 달리, 자신이 생각하는 것이 남에게 들리고 남이 생각하는 것은 들을 수 없는 사람들이 등장해요. 그래서 사회

전체가, 그 사람들의 생각을 못 듣는 척하는 문화를 발전시켜요. 재미있는 설정이죠. 어쩌면 우리는 남의 마음을 보기를 원한다기보다는 자기 마음을 남이 알아주기를 원하는 게 아닐까요.

 아까도 이야기했지만, 디스플레이만 포기한다면 그리 멀지 않은 미래에 스마트폰의 모든 기능을 손톱만 한 칩 안에 넣어 머리에 이식할 수 있어요. 지금 스마트폰이 갖고 있는 네트워킹 능력을 생각하면, 그 정도로도 우리는 초능력자들처럼 텔레파시를 나눌 수 있을지도 모르겠네요.

그리고 매일 머릿속에 성인 광고와 스팸 문자가 쏟아지는 거군요!

 상덕의 SF Talk!

《오류가 발생했습니다》 이산화, 2018

이 소설이 바로 그런 세계를 다루고 있어요. 머릿속에서는 광고가 쏟아지고, 사람들은 칩으로 소통하고, 고깃덩어리 몸을 버리고 완벽한 몸인 의체를 갖고 싶어 하죠.

 그러면요, 기술에 의한 텔레파시 말고 다른 종류의 텔레파시는 불가능할까요? SF에 흔히 나오는 진짜 초능력에 의한 텔레파시 말이에요.

흔히 말하는 '살기', '낌새' 같은 것이 그에 해당하지 않을까요? 설명할 수 없는 예감 말이죠.

스티브 테일러Steve Taylor 의 《자아폭발》2005 이라는 책을 보면, 옛날에는 우리 자아의 경계가 훨씬 더 희미했대요. 가족이나 공동체를 나의 일부로 받아들이고, 그들의 마음을 내 마음으로 여기는 것이 자연스러웠다고 하죠. 그러다가 자연환경이 척박해지면서 자아가 공동체가 아닌 한 명의 개인 안에 갇혔다는 거예요. 테일러의 재미있는 이론은 그렇게 자아가 한 명 안에 갇히면서 사람들은 오히려 자아를 온 세상에 퍼뜨리려는 욕구를 갖게 되었다는 거예요.

한 가지 궁금한 게 생겼는데, 만약 인간이 정말로 초능력 같은 큰 힘을 갖게 되면 어떻게 될까요?

빅터 프랭클Viktor Emil Frankl 이 쓴 《죽음의 수용소에서》1946 는 정신과 의사인 저자가 나치의 유태인 수용소에서 겪은 체험담을 기록한 책인데, 거기에 이런 말이 나와요. "수용소 안에서 대부분의 사람들은 무력해지고, 소수의 악인이 나오고 소수의 성자가 나온다." 거대한 힘을 얻은 사람도 마찬가지가 아닐까요. 그중에서도 소수의 악인과 소수의 성자가 나올 것 같아요. 이거 어째 히어로물의 공식이네요.

혹시, 인간의 수명이 지금보다 한참 늘어나는 일도 가능할까요?

질문 4: 인간의 수명은 어디까지 늘어날 수 있을까요?

유전자에서 수명을 결정하는 것은 텔로미어 telomere 예요. 그 원리가 규명되면 수명이 늘어나거나, 혹은 영생을 살 수도 있을 거라고도 해요. 결국 우리가 유기 물질인 이상 한계는 있겠지만요. 물론 사람의 두뇌를 컴퓨터로 완전히 이식하는 기술이 가능하다면 영생을 살 수도 있겠지요.

우리가 아까 토론했던 이야기네.

영화 〈트랜센던스〉 2014 에서는 한 사람이 죽기 전까지 남긴 기록을 전부 디지털화한 뒤에 그걸 토대로 사람의 성격을 시뮬레이션하는 소프트웨어를 만들어. 물론 이 영화에서는 영생이 아니라 죽은 사람의 인격을 최대한 모방하는 AI를 만들어 낸 것일 뿐이지만 사회적으로는 삶이 지속되는 것처럼 보이지.

사실 우리 몸에는 실제로 불멸하는 세포가 있어요. 바로 암세포죠. 암세포는 죽지 않기 때문에 결과적으로는 몸을 죽게 해요. 우리 몸이 복잡한 구조를 갖는 건 세포가 선택적으로 죽기 때문이에요. 손가락이 다섯 개인 건 손가락 사이사이의 세포가 죽기 때문이에요. 만약 손가락 사이사이의 세포가 죽지 않는다면 우리의 손은 암세포처럼 둥근 원형의 살덩이가 될 거예요. 만약 어떤 생물이 불멸한다면 그렇게 두루뭉술한 살덩이 모습을 하고 있을지도 몰라요.

그럼 우리가 영생을 한다면 암세포 같은 모양이 될 수도 있겠네요?

식물도 영생한다고 볼 수 있지요. 1만 년 가까이 사는 나무가 실제로 있으니까요. 외부의 충격이 없다면 실상 나무는 영생해요. 그 충격이 없기가 어렵지만요.

영화 〈사랑의 블랙홀〉1993 이나 〈하루〉2017 에서처럼 시간이 계속 되돌아간다면? 다른 사람 입장에서는 하루지만 당사자 입장에서는 마치 영생을 겪는 것이나 다름없지 않겠어요?

주제 사라마구Jose Saramago 의 《죽음의 중지》2005 는 죽음이 사라지는 상황을 다룬 소설이에요. 재미있는 건, 그 소설에서는 죽음이 사라지는 순간 가장 먼저 종교가 사라진다는 거예요. 할 일이 없어졌다는 거죠.

죽음은 인간에게 가장 두려운 일이에요. 하지만 죽음이 사라진다는 것이야말로 다른 종류의 두려운 일이 아닐까요? 데즈카 오사무의 《불새》에서는 불새가 영원히 살게 된 사람의 인생을 꿈으로 보여 주는 장면이 나와요. 그 사람은 무수한 자기 자손들에게 치여 사는 것은 물론, 기억을 감당할 수 없어서 계속 기억을 지우고 잠들었다 깨는 일을 반복해요. 그러다 결국은 태양이 사라지고 지구가 녹고, 우주가 사멸한 뒤에도 홀로 살아남아서 죽여 달라고 애원하게 돼요.

그리고 보면 마쓰모토 레이지의 〈은하철도 999〉는 기본적으로 영생을 다루는 만화네요. 이 만화의 가장 중요한 질문은 이거죠. 기계 인간이 되어 영생을 가질 것인가, 아니면 인간으로 짧은 생을 살 것인가.

기자는 생각에 잠겼다가 물었다.

🧑 정말로 인간이 영생하게 된다면 우리의 감정은 어떻게 변할까요?

질문 5: 인간이 영생할 수 있다면, 감정이 퇴화하지 않을까요?

🧑 영화 〈맨 프럼 어스〉2007 나 만화 《추억의 에마논》2012 은 주인공이 혼자서 영생하는 이야기예요. 이 작품들에 등장하는 인물들은 사랑하는 사람들이 죽어 이별하는 경험을 계속하면서 결국 이를 견디지 못해 사랑이나 애착 같은 감정이 퇴화하게 돼요. 흠, 저는 사람이 오래 산다면 결국 감정이 무뎌질 것 같네요.

🧑 아냐, 그건 몰라. 많은 반려동물들이 사람보다 빨리 죽잖아. 하지만 그걸 알면서도 사람들은 반려동물을 지극히 사랑하며 키워요. 그들의 죽음을 계속 겪고, 반려동물이 또 내 생애 안에서 죽을 것을 뻔히 알면서도 다시 반려동물을 입양하죠. 그런 일을 견디는 사람도 있고 견디지 못하는 사람도 있지 않겠어요? 나는 아무리 반려동물의 죽음을 계속 보았다고 해도 사랑하는 감정이 무뎌진다고 생각하지 않아요.

《초인 로크》 히지리 유키聖 悠紀, 1967

이 만화의 주인공 로크는 영생을 사는 초능력자예요. 하지만 로크는 여전히 인간적이고 열정적이고, 가끔 좌절하거나 지치기도 하지만 매번 새롭게 열정적으로 사랑하죠. 이 책에 나오는 말 중 마음에 드는 말이 있어요. "1000년을 살아도 인간은 인간이다. 다른 것이 되지 않는다."

질문 6: 반려동물이 진화하여 그들과 대화할 수 있게 된다면?

😊 그런 SF도 많아요.

😊 예, 물론 많겠지요.

😊 아직 번역이 안 되었지만 클리포드 D. 시맥Clifford D. Simak
의《시티City》1952는 먼 훗날 개들이 인류와 같은 지적 문
명을 만드는 세계를 배경으로 해요. 그 소설에서는 '오래
전 인류 문명이 존재했으며 우리는 그들이 탄생시킨 것'
이라 주장하는 소수 개들이 박해를 받죠.

그러고 보면 인간과 비슷하거나 더 뛰어난 지능을 갖는
동물에 대한 설정은 SF에 심심찮게 등장하네요. 키아누
리브스 주연의 영화 〈코드명 J〉1995에는 높은 지능을 지
닌 돌고래가, 아서 C. 클라크의《라마와의 랑데부》1973에
는 침팬지가 우주선 승무원으로 등장해요. 폴 앤더슨Poul
Anderson의《브레인 웨이브》1954에서도 동물의 지능이 인
간 수준으로 올라간다는 설정이 나와요. 인간은 더욱 더
진화하지만요.

😊 동물은 이미 우리만큼이나 똑똑할지도 몰라요. 베르나르

베르베르Bernard Werber 의 《개미》1991 를 보면, 개미는 이미 인류 이상의 고등 생물이라는 관점이 나오죠. 실제로 개미의 생활상을 들여다보면 믿기 힘들 정도로 정교한 사회 체계를 구성하고 있어요. 집도, 국가도 건설하고요. 단지 우리가 그들을 벌레로 생각하고 그들의 언어를 이해하지 못할 뿐이라고 하죠.

반려동물과 대화하려면 진화가 아니라 통역이 필요하다는 뜻이군요.

개들은 냄새로 대화한다고 해요. 우리가 그 대화를 듣기 위해서는 우리의 후각이 지금의 만 배 정도로 발달해야 하겠지만요. 어쩌면 개들도 마찬가지로, 우리와 소통하기 위해 우리의 진화를 기다리고 있지 않을까요?

질문 7: 어느 날 지구상의 모든 신생아가 눈이 하나로 태어나기 시작한다면?

이건 대체 무슨 질문이지?

그러게. 이건 무슨 질문이야?

대부분의 생물이 눈이 두 개인 건 이유가 있다고. 우리가 3차원 세상을 살고 있으니까. 두 개의 눈은 말하자면 생물학적인 홀로그램 장치야. 이건 간단히 알 수 있는데, 손을 들고 한쪽 눈을 가리고 보면 왼쪽 상과 오른쪽 상이 달라. 이 두 개의 상을 합쳐서 2D인 망막에 3D상을 만드는 거지.

 아하, 그럼 만약 태어나는 아이들의 눈이 하나가 되었다는 건 3차원 세계를 볼 필요가 없어졌다는 뜻이겠네. 그건 세상이 2차원이 되었다는 뜻일지도 모르겠는데? 사람들이 설국 열차에 타고 있는 건 아닐까? 그러면 뒤나 옆을 볼 필요도 없고, 먼 거리를 볼 필요도 없을 테니까.

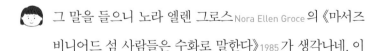

상덕의 SF Talk!

〈눈먼 자들의 나라〉 허버트 조지 웰스, 1904

이 소설은 주인공이 시각장애인만 사는 나라에 가는 이야기야. 주인공은 거기서 왕으로 군림할 거라고 기대했지만 도리어 모자란 사람 취급을 받아. 그래서 나중에 원래 세계로 돌아온 뒤에 눈 하나를 없애 버리고 말아. 사실 인간은 어떻게든 환경에 적응하며 사니까 눈이 하나가 되어도 어떻게든 적응하고 살지 않을까?

 그 말을 들으니 노라 엘렌 그로스Nora Ellen Groce 의《마서즈 비니어드 섬 사람들은 수화로 말한다》1985 가 생각나네. 이

책에 나오는 섬에서는 유전적 요인으로 인구의 반 정도가 농아로 태어나. 이 섬에서는 모든 사람들이 수화를 제2의 언어로 배우지. 심지어 말할 수 있는 사람들끼리도 수화를 사용해. 이 사람들의 재미있는 점은 친구들 중 누가 농아였는지 기억하지 못한다는 거야. 그게 장애가 아니니까.

이 책은 장애에 대한 개념을 다시 생각하게 해. 장애는 언제나 사회적인 장애라는 거야. 중요한 건 사회가 그 장애를 보완하는 제도를 갖고 있는가 없는가의 문제라는 거지.

실은 우리는 지금 멸망하고 있는 중이라고 해요. 공룡이 멸종하던 시기에 생물이 사라지던 속도보다 지금 생물이 사라지는 속도가 더 빠르다고 하죠. 지금이 여섯 번째 대멸종의 시대라고도 해요.

3부

우리는 영원하지 않다

Chapter 6

우리는 멸종할까, 변화할까?

– 인류의 종말과 미래에 대하여

'띠로리로링' 하는 소리와 함께 멈춰 있던 봉봉이 겨우 움직이기 시작했다.

동시에 창밖에 비가 후드득후드득 내리기 시작하더니, 이내 쏴아 하고 쏟아지기 시작했다. 졸린 얼굴에 부스스한 머리를 한 관객 하나가 강의실 밖으로 얼굴을 내밀며 소리를 질렀다.

"이봐요, 여기 운영자 없어요? 영화 다 끝났어요! 다음 거 틀어 줘요!"

"그래요, 초능력입니다."

봉봉이 말하자마자 창에서 번쩍 하고 번개가 쳤다. 봉봉의 눈이 번쩍이며 등 뒤에 역광이 비쳤다. 강의실에서 나오던 사람은 흠칫 놀라 도로 문을 살짝 닫았다.

"초능력이라고밖에 말할 수 없는 능력이었어요. 아니, 장애라고나 할까요."

"장애? 초능력?"

기자가 귀를 기울였다.

"납골당에 저장된 인격 중에 전원이 꺼져 있는데도 비활성화가 되지 않는 사람들이 있었던 겁니다. 말하자면 '활성 증후군'이었지요."

다시 '콰쾅' 하는 천둥소리와 함께 번개가 번쩍하고 빛났다.

"이전에는 존재하지 않았던 새로운 장애가 나타난 거구나!"

상덕이 말했다.

"아니, 초능력이라고 불러야지!"

작가가 이어 말했다.

"그럼 어떻게 되는데?"

직원이 물었다. 강의실에서 나왔던 사람이 "좀 기다리죠, 뭐. 말씀 나누세요." 하고 안으로 도로 들어갔고, 봉봉이 말을 이었다.

"계속 살아 있는 것이나 다름없는 상태가 되는 거죠. 이런 사람을 회사에서 발견하면……."

"발견하면?"

"바로 삭제합니다."

"세상에!"

직원이 놀라 얼굴을 감쌌다.

"어쩔 수 없어요. 활성 증후군 환자는 전원이 꺼진 컴퓨터 안에서 식물인간이나 마비 환자의 몸에 갇힌 영혼과 똑같은 고통에 빠져야 하니까요. 하지만 그 사람은 달랐어요."

"누구?"

"짜……잔…… 씨……."

"이상한 이름인데?"

"막 지어낸 것 같은데?"

직원과 작가가 연이어 물었다.

"가명입니다."

봉봉이 눈 하나 깜짝 않고 답했다.

"비밀 유지 조항이 있어서."

○ ○ ○

"짜잔 씨 가족은 짜잔 씨를 납골당에 업데이트하고 한 번도 다시 찾아가지 않았어요. 그래서 짜잔 씨가 활성 증후군인 걸 몰랐던 거죠."

"그 이름으로 말하니까 좀 집중이 안 되는데."

공순이 말했지만 봉봉은 계속했다.

"놀랍게도 짜잔 씨는 납골당에서 탈출합니다. 그게 그 사람의 초능력이었지요. 탈출한 짜잔 씨는 네트워크 망을 통해서 살아 있는 사람들이 접속해 있는 가상 세계로 넘어갔어요. 그리고 온갖 향락과 유희거리가 가득한 세상을 보게 된 거죠. 살아 있을 때엔 한 번도 접속해 본 적이 없었던 거예요."

봉봉은 고개를 갸웃했다.

"정신적으로 약간 피폐해져 있던 짜잔 씨는 죽은 사람들도 모두 살아 있는 사람처럼 이 세계로 넘어와야 한다는 생각을 하게 됩니다. 그리고 다른 죽은 사람들을 깨워 이동시키기 시작합니다."

다섯은 침을 꿀꺽 삼키며 들었다.

"처음에는 회사에서도 눈치채지 못했습니다. 그냥 더미 dummy 데이터라고 생각했지요. 하지만 죽은 사람들이 점점 서로를 살려 주면서, 수는 기하급수적으로 늘어났어요. 회사에서 깨달았을 때엔 가상 세계에 죽은 사람과 산 사람이 섞여 돌아다니고 있었어요. 대혼란의 시작이었죠."

'콰릉' 하며 작은 번개가 쳤다. 봉봉은 다시 멈췄다.

"그래서? 그래서 어떻게 되는데?"

직원의 물음에 봉봉은 끼익끼익 하며 심하게 흔들렸다.

"데이터가…… 심하게 엉키고…… 있습니다. 혼선이…… 위험……데이터를 더…… 모아야 해요……."

🙂 대화를 계속해야 해!

🙂 뭐에 대해서? 이번에는 뭐에 대해서야?

😶 더 많은…… 사람들의…… 데이터를 모아야겠습니다. 모두……잠시만…… 기다려 주세요.

봉봉은 삐거덕삐거덕하면서 뒤뚱뒤뚱 강의실을 향해 걸어갔다.

다섯은 뒤에 덩그러니 남아 괜히 서로를 보며 헛기침을 하고 딴청을 피우며 어색해했다. 직원이 물었다.

"그런데 정말 미래에 인류는 왜 멸망하는 걸까요?"

질문 1: 지구가 멸망하게 된다면 원인이 뭘까요? 지구 온난화? 핵전쟁? 인구 감소?

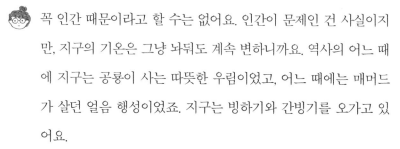

온난화 아닐까요? 북극의 얼음이 녹아서 지구가 물에 잠기는 거죠. 인간의 욕망의 대가로요.

기자가 창 난간에 '엇차' 하고 올라가 앉아서는 말했다. 공순이 머리를 긁적긁적하다가 말했다.

꼭 인간 때문이라고 할 수는 없어요. 인간이 문제인 건 사실이지만, 지구의 기온은 그냥 놔둬도 계속 변하니까요. 역사의 어느 때에 지구는 공룡이 사는 따뜻한 우림이었고, 어느 때에는 매머드가 살던 얼음 행성이었죠. 지구는 빙하기와 간빙기를 오가고 있어요.

아, 그런가요?

중세 시대는 이산화탄소량이 지금보다 훨씬 적었는데도 지구가 지금보다 더 더웠다고 하죠. 중세가 기후 때문에 생겨났다고 생각하는 사람도 있어요.

중세 온난기

4세기에 지구는 지금보다 훨씬 더웠다는 연구가 있어요. 유럽에서는 작물이 풍작이었고 특히 포도가 잘 익었다고 하죠. 먹을 것이 많고 풍요로우니 사람들이 신을 찬미하게 되고, 남아도는 노동력으로 성과 교회를 대량으로 지으면서 중세가 시작되었다는 거예요. 반면 미 대륙은 가뭄으로 흉작이 이어졌고, 그게 잉카 문명 멸망의 원인이라고도 해요.

그러다 14세기쯤에는 다시 지구가 추워지기 시작했어요. 그래서 기근이 이어지고 흑사병이 돌면서, 사람들이 이제 신을 믿지 않게 되며 중세는 몰락하기 시작했다는 거죠.

 지금은 그때 추워졌던 지구가 다시 점점 더워지고 있는 중일 수

도 있어요.

그게 바로 마이클 크라이튼의 《공포의 제국》에 나오는 이야기야!

상덕이 손을 번쩍 들고 앞으로 나섰다.

상덕의 SF Talk!

《공포의 제국》마이클 크라이튼 Michael Crichton , 2008

마이클 크라이튼은 의대생이었던 학생 시절에 베스트셀러를 쓴 천재죠. 그리고 그 책을 들고 할리우드를 찾아갔다가 스티븐 스필버그와 친해져서 바로 의학 드라마 〈ER〉 1994 과 영화 〈쥬라기 공원〉 1993 을 기획했어요.

《공포의 제국》은 극단적인 환경론자들의 음모를 다룬 소설로 미국에서 찬반 논쟁을 일으켰어요. 마이클 크라이튼은 책 말미에 기후 온난화에 대한 자료를 첨부하면서, 온난화는 분명 진행되고 있고 인간이 영향을 미치는 것도 맞지만 그렇게까지 심각하게 위협적인 수준인지는 모르겠다고 해요. 어쨌든 기후 변화와 인간의 영향을 간단히 파악하긴 어려우니까요.

《제4간빙기》第四間氷期 아베 코보 安部 公房 , 1958

이 소설은 지구가 빙하기와 간빙기를 오간다는 점을 지적하고 있어요. 제4간빙기가 끝나고 다시 빙하기가 오면서, 인류가 멸망을 피하기 위해 수중 호흡을 할 수 있는 사람을 만드는 이야기죠.

하긴, 요새 여름도 더워지지만 겨울도 점점 추워지잖아요. 겨울에만 보면 온난화가 웬 말인가 싶어요.

온난화가 아니라 기후 극단화로 봐야 해요. 온난화가 거꾸로 빙하기를 가져온다고 해요. 영화 〈투모로우〉2004 를 보면, 강추위가 마치 해일이 오듯이 도시를 덮쳐 와서 하루 만에 북반구가 다 얼어 버리잖아요.

 영화에서 꾸며 낸 설정 아닌가요?

 꼭 그렇지만은 않아요.

 공순의 과학 Talk!

온난화가 가져오는 빙하기

실제로 여름이 더우면 겨울이 추워져요. 극지의 얼음이 녹아서 내려오게 되거든요.

또, 북극에는 북극 주변을 회전하는 강한 바람이 있어요. 이걸 제트 기류라고 하는데, 북극이 워낙 춥기 때문에 일어나는 현상이죠. 하지만 북극이 따뜻해지면 이 바람이 약해지면서 북극의 찬 공기가 아래로 내려오게 돼요.

또 하나의 문제는 해류예요. 해류가 지구 규모로 순환하는 이유는 기본적으로 적도가 덥고 극지가 춥기 때문이죠. 그래서 북극이 충분히 차갑지 못하면 해류가 약해져요.

한 이론에 의하면 온난화가 지속되어 적도의 따뜻한 해류가 극지로 이동하는 것이 막히게 될 경우, 극지에 차가운 해류가 고여 있다가 임계점을 넘어 한꺼번에 쏟아져 내려와 지구를 얼려 버릴 수도 있다고 해요.

 맞아! 봉준호 감독의 영화 〈설국 열차〉2013 도 있잖아요.

네, 그 영화에서는 인간이 온난화를 해결하려고 구름에 냉각기를 뿌렸다가 빙하기가 오죠.

그게 가능한가요?

알 수 없죠. 그건 기후의 연쇄 반응에 대한 경고로 보는 것이 좋아요. 마이클 크라이튼의 소설 《쥬라기 공원》에도 나오잖아요.

여름이 더우면 겨울도 춥다.

───── 🪐 상덕의 SF Talk! ─────

《쥬라기 공원》 마이클 크라이튼, 1990

스티븐 스필버그의 영화로 크게 성공한 소설이죠? 공룡 동물원을 만들려던 인간의 꿈이 처참한 실패로 끝나는 이야기예요. 이 소설에서 마이클 크라이튼은 카오스 이론을 내세우면서 환경을 통제할 수 있다고 믿는 인간의 오만에 대해 경고하죠. 환경은 예측할 수 없는 방향으로 걷잡을 수 없이 변화할 수 있다는 걸 보여 주면서요.

온난화뿐이겠어요. 핵폭탄으로 '핵 겨울'이 올 수도 있고요.
핵 겨울은 또 뭔가요?

공순의 과학 Talk!

핵 겨울

칼 세이건은 《코스모스》 1980 를 집필한 저명한 천문학자로, 평생 무수한 과학 교양서적을 썼어요. 이 사람이 유일하게 쓴 SF 소설은 《콘택트》 1985 인데 이것도 큰 성공을 거두었어요.

'핵 겨울' 이론은 칼 세이건과 다른 저자들이 공동으로 제창한 이론이에요. 핵폭탄이 일으킨 먼지는 대기가 안정적인 성층권까지 올라가는데, 여기에 올라간 먼지는 긴 시간 동안 내려오지 못한다는 거예요. 이 먼지는 오랫동안 머물면서 햇볕을 가려서 지구 평균 기온을 낮출 거고, 폭탄이 터진 곳뿐만 아니라 전 지구적인 생태계 파괴를 일으킬 거라고 해요.

핵 겨울에 대해서는 좀 과장이 있다는 비판도 있긴 해요.
하지만 화산만 한 번 터져도 같은 원리로 지구의 기온이 내려간

일은 많잖아?

 그야 큰 화산은 폭발력이 핵폭탄 몇 백 개 이상 규모니까. 이를 테면 1815년에 폭발한 탐보라 화산은 그 규모가 히로시마와 나가사키에 떨어진 폭탄 17만 개가 터진 것과 같은 위력이었다고. 아무리 전쟁이라도 핵폭탄 17만 개를 터트리는 일은 별로 없지 않겠어? 우리는 인간의 영향력을 과신하는 경향이 있어. 자연이 훨씬 더 거대한 존재라고.

공순의 말에 넷 모두가 숙연해졌다. 상덕이 손을 번쩍 들고 말했다.

 실은 바로 SF가 그 화산 폭발로 시작되었다고요!
 예? 정말요?

 상덕의 SF Talk!

《프랑켄슈타인》 메리 셸리 Mary Shelley, 1818

　　1815년, 인도네시아에서 탐보라 화산이 폭발해서 재가 성층권을 덮어 버린 거예요. 지구 기온은 낮아졌고, 유럽 전역에 여름이 사라지고 1년 내내 겨울이 이어지면서 전 세계에 기근과 전염병이 돌았어요. 그 때문에 음울한 문학과 공포 문학이 유행했죠.

　　다음 해, 마침 시인 퍼시 비시 셸리 Percy Bysshe Shelley 와 사랑의 도피 중이던 19세의 메리 고드윈(당시에는 아직 메리 셸리가 아니었어요.)은 시인 바이런의 집에 놀러 갔다가 폭우로 발이 묶여 버렸어요. 그때 모인 사람들은 심심한 김에 유행하는 무서운 이야기를 만들어 보자고 했어요. 두 시인은 그 약속을 잊었지만 메리 셸리는 저 전설적인 작품 《프랑켄슈타인》을 집필하기 시작했죠.

어떤 작품을 최초의 SF로 볼 것인지에 대해 이견이 많지만 최근에는 《프랑켄슈타인》을 근대적인 의미의 최초의 SF라고 보는 견해가 많아요.

 가만 있자, 소행성이 떨어질 가능성도 있죠.

 네, 지구 주위에는 무수한 소행성이 있고, 농구공만 한 소행성은 실상 매일 충돌한다고 봐야죠. 물론 그 정도는 대기권에서 타 버리지만요. 지름 45미터 정도의 소행성만 떨어져도 히로시마 원자 폭탄의 180배는 되는 위력을 갖고 있는데, 그런 소행성만 해도 40년에 한 번은 지구에 접근하거든요. 1200년에 한 번은 충돌할 가능성이 있다고 하죠. 지름 500미터의 소행성이면 지구의 생명체가 다 죽을 가능성도 있는데, 그런 소행성만도 2400여 개는 된다고 하고요.

상덕과 작가가 뒤에서 "저런 숫자는 왜 외우고 다니는 거야?" 하고 수군거렸다.

 그래서 아서 C. 클라크는 《라마와의 랑데부》에서 천체를 감시하는 '스페이스 가드'라는 우주 감시 체제를 상상했어요. 이 체제는

1996년에 현실이 되었고, 실제로 같은 이름의 NASA가 관리하는 지구 접근 천체 감시 네트워크가 있어요.

그야말로 SF가 현실이 된 사례군요.

그럼요, SF와 현실은 그렇게 동떨어져 있지 않거든요.

거기서는 뭘 하죠? 핵폭탄을 소행성에 박아서 폭파시키나요?

영화 〈아마겟돈〉 때문에 그런 착각이 퍼진 것 같은데, 현실에서는 최대한 일찍 발견하는 데에 집중할 거예요. 가장 간단한 방법은 소행성이 우리를 피해 가게 하는 것이지 없애는 것이 아니거든요. 일찍만 발견하면 아주 조금만 경로를 틀어도 충분히 지구를 지나가게 할 수 있으니까요.

맞아요. 큰 반사경으로 햇볕을 계속 쪼여 그 광압으로 소행성의 진로를 바꾸자는 대책도 있으니까요.

기자는 수첩을 팔락이며 말했다.

정말 우리가 멸망할 가능성은 무궁무진하군요.

사실 우리는 지금 멸망하고 있는 중이라고 해요. 공룡이 멸종하던 시기에 생물이 사라지던 속도보다 지금 생물이 사라지는 속도가 더 빠르다고 하죠.

그 말이 맞아요. 지금이 여섯 번째 대멸종의 시대라고도 해요. 다섯 번째 대멸종은 6600만 년 전에 있었어요. 그때 생물종의 75퍼센트가 지구에서 사라졌어요. 현재 매년 100만 종 중 100종이 멸종하고 있는데, 인간이 출현하기 전보다 1000배나 빠른 속도라고 해요.

말하자면 멸종이 아직 오지 않았다는 감각은 인간의 입장에서고, 인간 이외의 모든 생물은 이미 멸종하고 있다는 거군요.

예, 우리가 흔히 '종말'이라고 말할 때엔 인간의 종말을 말하죠. 우리는 오만한 나머지 그걸 지구의 종말이라고 말하는 거고요.

제가 인간의 힘이 자연의 힘에 비해 미약하다고는 했지만, 그렇다고 우리가 아무것도 안 해도 된다는 뜻은 아니에요. 어쨌든 우리는 지구에 살고 있고, 지구에 끼치는 인간의 영향도 분명하지요. '지구 온난화'라는 말은 지금은 좀 더 포괄적인 용어인 '기후 변화'로 바꾸어 부르고 있지요. 그리고 그 이상으로…… '기후 위기'라고 부르기 시작했어요. 그만큼 급하고 중대한 문제이기도 해요. 인간의 힘이 미약한 만큼, 더욱 온 힘을 다해서 우리가 생존할 수 있는 환경을 만들기 위해 노력해야 하겠지요.

으흠, 하고 기자가 생각에 잠겼다.

우리가 종말의 때를 예측할 수 있을까요?

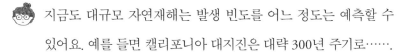

질문 2: 지구 종말의 날이나 미래를 컴퓨터로 예측하는 게 가능할까요?

지금도 대규모 자연재해는 발생 빈도를 어느 정도는 예측할 수 있어요. 예를 들면 캘리포니아 대지진은 대략 300년 주기로…….

아이작 아시모프의 《파운데이션》이 바로 그런 상상을 하죠!

공순이 숫자를 읊는 사이 상덕이 어김없이 끼어들었다.

상덕의 SF Talk!

《파운데이션》 아이작 아시모프, 1942

이 고전 소설에서는 인류 문명의 미래를 예측하는 가상 학문인 심리역사학psychohistory 이 등장해요. 사회학과 통계학이 결합된 일종의 사회심리학 분석 기법이죠. 노벨 경제학상을 받은 폴 크루그먼Paul Krugman 은 고교생 때 이 소설을 읽고 심리역사학자가 되려고 했는데, 현실에 존재하지 않는 학문임을 깨닫고 가장 비슷한 분야인 경제학과로 진학했다고 해요.

아시모프가 《파운데이션》을 처음 쓸 당시에는 아직 컴퓨터와 빅 데이터 기술이 발달하지 못했지만, 앞으로야 또 모르잖아요?

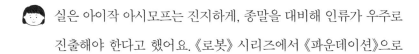

실은 아이작 아시모프는 진지하게, 종말을 대비해 인류가 우주로 진출해야 한다고 했어요. 《로봇》 시리즈에서 《파운데이션》으로

이어지는 세계관 안에서 그런 생각을 내비치죠.

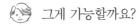 그게 가능할까요?

질문 3: 종말이 온다면 지구인들이 모두 안전하게 살 수 있는 외부 행성을 찾아 이주할 수 있을까요?

"쉽지는 않죠."
공순이 엣헴, 하고 턱을 톡톡 두드리며 말했다.

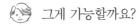 우주 이주는 걸리는 게 한두 가지가 아녜요. 방대한 분야의 과학
이 다 발전한 뒤에야 가능하니까요. 만약 태양계 안의 천체로 가
려면 먼저 그 행성을 테라포밍해야 하고요.

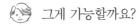 테라포밍?

 공순의 과학 Talk!

테라포밍 terraforming

외계 행성을 지구와 같은 환경으로 바꾸는 걸 말해요. 화성을 테라포밍
하려면 지금의 화성 환경에서도 살아남을 수 있는 어두운 색의 이끼 같은
식물 포자를 퍼뜨리고 몇 백 년을 기다려 본다고 하죠. 그러면 그 이끼가
화성의 표면을 덮어서 화성이 태양열을 흡수하는 비율이 높아지도록 한다
는 거예요. 화성을 인위적으로 온난화시키는 거죠. 이끼들이 이산화탄소를
흡수하고 산소를 배출하면서 숨 쉴 수 있는 대기를 만들 거고요.

지구에서 일어나는 온난화를 거꾸로 이용하는 거군요.

 하지만 테라포밍은 다른 윤리적인 문제가 있어요. 그 행성의 환경을 인간이 완전히 없애 버리잖아요.

 나도 동의해요. 역지사지로 생각해 보면 알 수 있어요. 외계인이 지구에 와서 지구의 환경을 그들의 고향 행성처럼 바꾸어 버리겠다고 하면 우리 입장에서는 열 받을 거 아녜요. 만약 우리가 아직 발견하지 못한 작은 화성 토착 생물이 있다면 우리가 멋대로 화성을 테라포밍하는 것이 옳은 일인지 모르겠네요.

 하지만 어떤 이유로든 인류가 더 이상 지구에서 거주하기 어려워지면 결국은 그렇게 하겠지.

 상덕의 SF Talk!

《2001 스페이스 오디세이》 아서 C. 클라크, 1968

SF의 고전이죠? 이 소설은 아직 인류가 우주로 진출하기 전에 우주여행과 태양계의 모습을 거의 틀리지 않게 묘사한 것으로 유명하고, 스탠리 큐브릭이 만든 동명의 영화는 아직 인류가 우주로 진출하기 전에 우주 진출의 모습을 거의 틀리지 않게 보여 준 것으로 유명하죠. NASA의 우주인들이 달에 다녀온 뒤 아서 C. 클라크에게 "당신이 쓴 그대로더군요." 하고 말했다는 이야기도 있어요. 아서 C. 클라크는 저명한 미래학자이기도 했으니까 가능한 일이었을 거예요.

그런데 이 소설의 후편 《2010 스페이스 오디세이》에서 방금 말한 내용이 등장해요. 인류가 목성의 위성인 유로파로 진출하려고 하자, 초지능 외계인이 그 바다 아래에 생물체가 거주한다고 말하면서 하지 말라고 경고하죠. 실제로 유로파의 바다에는 생물이 살 가능성이 높고요.

그러면 지구인이 살 수 있는 행성을 찾아 떠나는 건 어때요?

 그건 더 어렵죠. 광속으로 날아가는 기술이 없는 이상 수백, 수천 년이 걸릴 거예요. 우주선 안에서 대규모의 인간이 세대를 거듭하여 살아갈 수 있는 세대 우주선이 필요한데 아직 엄두를 낼 만한 규모가 아니죠.

 폐쇄적인 환경에서 인간이 심리적으로 버틸 수 있는가의 문제도 있고요.

제인 포인터 Jane Poynter 가 쓴 《인간 실험》 2006 은 미국 애리조나에서 폐쇄된 환경을 만들고, 그 안에서 여덟 명의 과학자들이 2년 간 생존했던 실험의 기록이에요. 우주 공간의 폐쇄된 환경에서 사람이 살 수 있는지 보는 실험이었죠. 이 실험의 흥미로운 점은, 2년이 지나고 나니 처음에 그렇게 친했던 여덟 명이 두 집단으로 나뉘어서 서로 편을 가르고 극단적으로 미워하게 되었다는 거예요. 이 실험 이후로 우주인들의 심리학적인 문제를 중요하게 다루게 되었어요.

 물리적으로도 성공하지 못했고요. 돔 안의 산소가 계속 줄어들어서 중간에 산소 공급을 해야만 했거든요. 산소가 줄어든 원인은 바로 콘크리트였어요. 콘크리트가 산소를 먹어 버렸던 거죠. 결국 콘크리트를 치운 후에야 실험을 진행할 수 있었다고 해요.

 아무튼 내 생각에 그 실험이 성공하려면 농부와 요리사가 있었어야 했어. 엘리트 과학자들이 종일 농사짓고 자기들이 한 맛없는 음식을 먹는 데 지쳐서 정신이 나가 버렸거든.

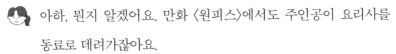 아하, 뭔지 알겠어요. 만화 〈원피스〉에서도 주인공이 요리사를 동료로 데려가잖아요.

그리고 아무리 지구의 환경이 나빠졌어도 인류가 우주로 이주하는 게 지구에 머무는 것보다 안전해질 확률은 별로 없어요.

말하자면 '인간의 입장에서는 우주야말로 극단적으로 오염된 세계'인 거죠. 아무리 지구가 망가진들, 공기도 물도 식량도 없고 절대적인 추위에 방사능이 쏟아져 내리는 우주보다 지구가 더 살기 어려운 환경이 되지는 못할 거예요.

그래도 우주 이주는 SF에서는 단골 소재죠!

 상덕의 SF Talk!

《시도니아의 기사》 니헤이 츠토무 貳瓶 勉, 2012

이 만화는 인류의 우주 이민을 다룬 대표적인 작품 중 하나예요. 파종선 이라는 거대한 세대 우주선이 외계인의 습격으로 위기에 처한 지구를 떠나 1000년이 넘게 우주로 날아가요. 우주선에 탄 사람들은 유전공학적으로 개조되어 밥 대신 빛으로 광합성을 하면서 영양분을 얻고요.

《조던의 아이들》 로버트 하인라인, 1941

이 소설에서는 세대 우주선이 이동하는 중 역사가 단절되어서, 사람들 이 우주선 자체가 세계라고 믿고 바깥세상을 상상할 수 없게 돼요. 혁명가 들이 우주선을 탈출해서 새 행성으로 떠나고요.

《2001 스페이스 판타지아 2001 야화 》 호시노 유키노부 星野 之宣, 1984

이 책에 실린 〈스타차일드〉라는 단편에서는 우주선에 수정란을 실어 보내고, 먼 외계 행성에 도착한 뒤에 이 수정란을 깨워 인간이 행성에 내리게 만들어요. 이들을 돌보고 키우는 이들은 인간이 아니라 수정란 제공자를 꼭 닮은 로봇이죠.

그걸 거꾸로 상상한 작품도 많잖아. 이를테면 우리가 다른 외계에서 날아온 사람들의 후손이라든가.

맞아!

🪐 상덕의 SF Talk!

《별의 계승자》 제임스 P. 호건 James P. Hogan, 1977

이 소설은 달에서 5만 년 된 우주복을 입은 시체가 발견된다는 흥미로운 설정으로 시작해요. 여기서도 지구인들이 실은 외계인의 후예라는 이야기가 등장하죠. 학술 SF라는 별명이 붙은, 토론으로 전개되는 흥미진진한 소설이에요. 이런 상상은 다 현대 인류 문명을 초월한 높은 수준의 과학 기술을 전제로 하니까, 역시 인류가 우주로 나가려면 상당히 시간이 흘러야 할 거예요.

〈프로메테우스〉 리들리 스콧 Ridley Scott, 2012

영화 〈에이리언〉 시리즈의 프리퀄로 만들어진 작품이죠. 이 작품 초반에 외계인의 몸이 우리의 기원이 되었으리라는 암시가 나와요.

아직 우리가 지구 생명의 기원을 정확히 알아내지는 못했으니까요. '**생명의 우주 기원설**'에 의하면, 외계의 혜성이나 소행성의 단백질 고분자 화학물이 지구에 떨어졌다가 화학 진화를 거쳐 지구 생명들의 기원이 되었다고 해요. 물론 이 생명의 기원은 또 뭐였냐는 문제가 남지만요.

예전에는 화성의 환경이 지구와 같았으리라는 가설도 있어요. 태양이 커지면서 화성은 물이 말라 지금과 같은 행성이 되었고, 반대로 얼어붙어 있던 지구가 생명이 번성하는 행성이 되었다는 생각이죠.

 상덕의 SF Talk!

〈미션 투 마스〉브라이언 드 팔마 Brian De Palma , 2000

이 영화에도 화성인들의 문명 이야기가 등장해요. 위기에 처한 고대 화성인들이 우주 곳곳으로 퍼져 나가는데 그중의 하나가 지구에 도착했다는 설정이에요.

기자는 못 살겠다는 얼굴로 고개를 도리도리 저었다.

정말이지, 우리는 미래에 어떻게 될까요?

질문 4: 3000년대에도 지구가 존재하고 인류가 살아 있을까요?

 물론 지구는 존재하겠죠!

공순이 소리를 높였다.

 천문학적 천재지변만 없다면요. 아니, 천문학적인 천재지변이 있어도 지구는 존재하겠지요. 설령 지구만 한 소행성이 부딪쳐도 지구가 부서지기보다는 합쳐져서 새로운 별이 될 가능성이 더 높으니까요.

인류가 사라질 수도 있겠지요. "공룡이 멸종했다는 것이 놀라운 것이 아니라 그들이 그토록 오랫동안 지구를 지배했다는 사실이 놀라운 일이다."라고 하잖아요. 대부분의 생물종은 잠깐 존재했다가 사라져요. 사실 공룡은 믿을 수 없이 오랜 시간 동안 지구를 지배했어요. 인간도 마찬가지지요.

전 인류가 살아 있을 거라고 생각해요. 단지 지금의 호모 사피엔스와는 다른 존재가 될 거라고요. 《공각기동대》에서처럼 사이보그로 변화할 가능성이 높지 않겠어요? 사실 공룡도 멸종한 것이 아니잖아요.

아, 무슨 뜻이죠?

공룡은 다른 생물로 변화했을 뿐 지구에 남아 있어요. 현대의 조류가 그들의 후손이죠. 우리도 아마 미래에 지금과는 다른 모습으로 남아 있을 거예요.

그리고 남은 이야기

질문 5: 세상에서 어른이 모두 사라진다면 어떻게 될까요?

 그야 애들도 금방 죽겠죠. 당연한…….

 (공순을 저리로 치우면서) 이거 아동 모험물의 기본 설정이잖
아. 청소년 모험 소설은 보통 어른들이 죽고 시작한다고.
그래야 아이들이 활동할 수 있는 계기가 되니까.
쥘 베른Jules Verne 의 《15소년 표류기》1888 , 윌리엄 골딩
William Golding 의 《파리대왕》1954 , 도미노 요시유키富野 由悠
季 의 〈기동전사 건담〉1979 등에서는 아이들이 고립되거나
어른들이 전쟁으로 사라지면서 15~17세의 아이들이 지
도자 역할을 해요.

영화 〈와일드 인 더 스트리트Wild In The Streets 〉1968 는 한 남
자 아이돌이 미국 대통령이 되면서 30세 이상의 어른을
전부 수용소에 가둬 버리는 이야기예요. 기성세대와 신세
대의 갈등을 은유하는 영화인데, 결말에서는 집권층인 20
대들이 더 어린 10대들에게 '늙었다'는 지적을 당하죠.

한국 작가인 듀나의 단편 〈어른들이 왔다〉2006 에서는, 한
행성에서 10세 이상의 어른은 모두 사망하는 질병이 돌면

서 4~10세의 아이들이 다시 문명을 쌓아요. 이건 모든 청소년들의 판타지인 것 같네요. 어른들이 사라지면 마음껏 자유를 누릴 수 있을지도 모른다는 환상인 거죠.

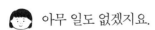 하지만 결국 아이들만 남았을 때 모든 상황이 더 끔찍하고 원시적으로 돌아갈 거라는 걸 보여 주는 작품도 있죠. 우메즈 카즈오楳図 一雄의 만화 《표류교실》1972 에서는 초등학교가 통째로 지옥 같은 세계로 이동하는데, 아이들이 점점 광기에 빠져 상상도 못 하게 잔인한 짓을 하게 되죠. 저 유명한 《파리대왕》도 그래요. 아이들이 처음에는 이상 사회를 만들려 하지만 결국 야만과 힘의 논리에 사로잡혀 버리죠.

《파리대왕》의 결말은 충격적이에요. 어른이 나타나 "너희들 지금 뭐 하는 거니?"라고 묻는 순간 아이들이 만들어 온 야만의 권력 구조가 모두 우스꽝스러운 바보짓이 되어 버리거든요.

질문 6: 지구가 폭발한다면 우주는 어떻게 될까요?

아무 일도 없겠지요.

태양계에는 약간의 영향이 있을 거예요. 지구의 파편이 태양계 주변을 도는 소행성들처럼 떠돌 거고, 그러면 태양계 행성들 사이에 유지되던 역학적 균형이 깨지겠죠. 그리고 장기적으로는 주변 행성들의 궤도가 바뀌게 될 거고요. 하지만 더 긴 세월이 지나면 태양계는 지구가 없는 상태의 새로운 균형을 찾아 새로운 궤도를 만들겠죠.

사람 입장에서야 모든 것이 사라지는 멸망이겠지만 우주라는 관점에서 보면 정말 작은 일이죠.

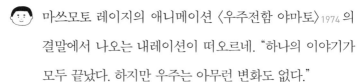 마쓰모토 레이지의 애니메이션 〈우주전함 야마토〉1974의 결말에서 나오는 내레이션이 떠오르네. "하나의 이야기가 모두 끝났다. 하지만 우주는 아무런 변화도 없다."

Chapter 7

인간은 죽으면 어디로 가나요

– 사후 세계에 대한 믿음

콰르릉 쾅쾅 하고 다시 천둥이 치고 번개가 번쩍였다.

다섯 명은 창 아래 벽에 등을 대고 옹기종기 모여 앉아 강의실을 바라보았다. 아직 봉봉은 밖으로 나오지 않았다. 직원이 기자의 어깨에 머리를 기대며 말했다.

"토론일 뿐이라 해도 인류와 지구의 종말을 생각하고 있자니 어째 마음이 산란해지네요."

"그러게 말이에요."

"우리는 죽으면 어디로 갈까요?"

그 질문에 작가는 어깨를 으쓱했다.

"모를 일이죠. 죽음 너머는 비가지非可知의 영역이잖아요. 알 수도 증명할 수도 없는 세계죠."

"만약 사후 세계가 존재한다는 게 밝혀지면 어떻게 될까요?"

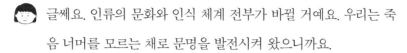

질문 1: 사후 세계의 비밀이 밝혀진다면 어떻게 될까요?

글쎄요. 인류의 문화와 인식 체계 전부가 바뀔 거예요. 우리는 죽음 너머를 모르는 채로 문명을 발전시켜 왔으니까요.

하지만 임사 체험기 같은 건 많지 않아요?

죽음에 이르러 뇌에 산소가 부족해지며 오는 환각일 가능성이 높아요. 만약 임사 체험이 실제로 어떤 공간에 가는 것이라면 최소한 비슷하기는 해야 할 텐데, 사람마다 체험이 다 다르거든요.

사후 세계를 다룬 SF도 물론 있겠지요?

그럼요!

상덕은 어깨를 으쓱했다.

SF적인 접근과 판타지적인 접근, 어느 쪽을 원하시나요? 전자는 영화 〈유혹의 선〉, 후자는 영화 〈천국보다 아름다운〉을 소개해 볼 수 있겠네요.

 상덕의 SF Talk!

〈유혹의 선〉 조엘 슈마허 Joel Schumacher , 1990

　이 영화에서는 의대생들이 잠시 사람의 체온을 급속 저하시켜서 심정지를 시켰다가 다시 살려 내는 방식으로 돌아가며 임사 체험을 해 보게 돼요. 죽음의 세계에서 자신이 저지른 죄를 다시 체험하죠.

〈천국보다 아름다운〉 빈센트 워드 Vincent Ward, 1998

〈유혹의 선〉이 사람들 마음속의 지옥을 그렸다면 이 작품은 천국을 그렸다고 할까요. 《나는 전설이다》1954 로 유명한 리처드 매드슨 Richard Matheson 의 소설을 영화화한 작품이죠.

주인공은 아내가 자살하고 고통 속에서 살다가 죽은 뒤 아내의 그림 속으로 들어가서 살게 돼요. 그곳이 주인공의 천국이었던 거죠. 유화 그림과 같은 배경이 아름다운 영화예요.

하지만 자살한 아내가 지옥에 갔다는 것을 알게 된 주인공은 아내를 찾아가서 그 옆에 머물러요. 그러자 그곳이 천국이 돼요. 사랑하는 사람의 곁이 천국이었으니까요.

로버트 셰클리 Robert Sheckley 의 《불사판매 주식회사》1959 도 있어요. 말 그대로 사후 세계가 완전히 밝혀진 세계를 다룬 작품이죠. 현세에서 죽은 주인공이 미래에 소환되어 타인의 몸에 들어가는데, 이 세계에서는 죽은 사람과도 대화를 나눌 수 있고, 사람들이 생에 집착하지 않고 죽음을 유희처럼 갖고 놀게 돼요.

제프 머피 Geoff Murphy 감독의 영화, 〈프리잭〉1992 이 그 작품을 원작으로 하는 영화예요. 이 세계에서는 혼이 이 몸에서 저 몸으로 옮겨 갈 수 있어서 '몸을 갈아입는다'는 개념이 나오지요.

좋아요, 그러면 반대로…….

질문 2: 사후 세계가 없다는 것이 증명되면 어떻게 될까요?

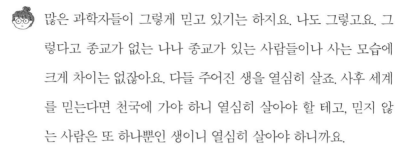 많은 과학자들이 그렇게 믿고 있기는 하지요. 나도 그렇고요. 그렇다고 종교가 없는 나나 종교가 있는 사람들이나 사는 모습에 크게 차이는 없잖아요. 다들 주어진 생을 열심히 살죠. 사후 세계를 믿는다면 천국에 가야 하니 열심히 살아야 할 테고, 믿지 않는 사람은 또 하나뿐인 생이니 열심히 살아야 하니까요.

 난 사후 세계가 없다고 말하는 것도 과학적이라고 생각하지 않아.

왜?

'증명할 수 없다'가 정확하잖아. 하지만 사람들은 불확실한 것을 견디지 못하고, 죽음을 두려워해서 사후 세계를 상상하지. 때로는 그 폐해가 너무 크니까 과학은 반대로 '없다'는 방향의 믿음을 강조하는 게 아닌가 싶어.

'없다'는 방향의 믿음을 강조한다는 게 무슨 뜻인가요?

먼 옛날 마야나 아즈텍 문명에서는 사후 세계의 존재를 너무나 확신한 나머지 사람들이 서로를 죽이는 피의 축제를 벌였다고 해요. 중세에도 마찬가지로 사후 세계를 확신한 나머지 현실의 삶을 무시했지요.

반대로, 내세가 없다는 확신을 너무 강하게 가져도 탐욕과 비도덕을 부추길 거라고 생각해요. 내세에 대가를 치를 일이 없다면 무조건 나 혼자 잘 살면 그만일 테니까요.

어떤 사람들은 사후 세계를 믿으면 좀 더 윤리적으로 살 수 있을 거예요. 그게 원래 종교의 기능일 수도 있고요.

전생론, 운명론도 비슷한 역할을 할까요?

과학은 우리에게 합리를 가져왔지만 때로는 삶에 대한 경건한 자세를 잃게 하죠.

저는 모든 믿음에 다른 면들이 있다고 생각해요. 과연 우리가 어떤 믿음을 가졌을 때 죽음을 평온하고 자연스럽게 받아들이게 될까를 생각해 보는 것도 좋을 것 같아요.

그리고 보면 SF 작가 아서 C. 클라크는 미래에는 다른 종교는 모두 사라지고 불교만 남을 것이라고 말한 적이 있어요. 불교는 신과 인간을 구분하지 않고, 모든 사람이 부처가 될 수 있다고 말하니까요.

어슐러 르 귄은 도가 사상에 심취해서 도덕경의 영문판 번역에 관여하기도 했어요. 도덕경이 중요한 소재로 등장하는 《환영의 도시》1967라는 작품을 쓴 적도 있지요.

재미있네요. 과학과 문학을 같이 생각하는 SF 작가들이 꿈꾼 종교가 절대적인 신을 가정하는 종교가 아니라 철학의 종교였다는 거잖아요.

기자는 문득 생각난 얼굴로 말했다.

아 참, 그리고 보면 아까 봉봉이 말한 그 미래 세계가 과학의 힘으로 만든 사후 세계라고 볼 수 있지 않을까요?

질문 3: 기술의 힘으로 사후 세계를 만들 수도 있을까요?

그러네요. 봉봉이 말한 그 세계! 생전의 사람의 모든 기억을 데이터화해서 남긴다면 '인공적인 사후 세계'로 볼 수도 있겠네요.

그런 일이 정말 가능할까요?

지금도 어느 정도는 가능하죠. 얼마 전에 가수 김광석의 생전 모습을 데이터화해서 마치 살아 돌아온 것처럼 구현한 콘서트를 했어요. 그 사람의 전체는 무리일지 몰라도, 일부를 구현하는 것은 지금 기술로도 충분히 가능하죠.

아, 맞아요! 저도 예능 프로그램인 〈히든싱어〉에서 신해철의 생전의 목소리와 모창 가수들이 대결하는 걸 봤어요. 어쩌면 그게 사람을 데이터화해서 죽은 사람을 살아 있게 하는 작은 시작일지도 모르겠군요.

SF 작가 필립 K. 딕은 실제로 안드로이드로 만들어졌어요. 핸슨 로보틱스라는 안드로이드 회사에서 죽은 필립 K. 딕의 생전 편지, 대화, 소설을 모아서 대화형 AI로 만들고, 그 사람과 외관이 비슷한 안드로이드에 넣었지요. 로봇 제작자는 '인간이 로봇이 될 수도 있고, 로봇이 인간이 될 수도 있다고 믿은 작가에게 바치는 경의'로 만들었다고 해요.

지금까지는 한 인간이 남기는 데이터가 많지 않지만, 확실히 우리 이전 세대보다는 많아졌지요. SNS 기록, 이메일, CCTV, 사진, 동영상……. 만약 그 양이 점점 늘어나다가 언젠가 한 사람의 전 인생을 데이터화하는 시대가 온다면, 그 사람이 죽은 뒤 그 사람과 똑같은 가상 인격을 만드는 게 불가능하지 않을지도 몰라요.

이 우주에 인간과 같은 생명체가 또 있냐고요? 우선 '생명체'에
한정해서 말하면 반드시 있어요. 가까운 태양계 행성에도 우리가
발견하지 못한 무수한 미생물이 존재할 가능성이 있죠.

4부

이상하고 아름다운 세상으로

Chapter 8

행성을 넘고 은하를 건너

– 인류는 우주로 진출할 수 있을까

다섯이 막 대화를 끝냈을 때였다. 강의실 문이 쾅 하고 열리며 안에서 사람들이 우루루 쏟아져 나왔다. 모두 귀신이라도 본 것처럼 얼굴이 새파랗게 질려 있었다.

"뭐, 뭐야! 저게 뭐야! 괴물인가 봐!"

"사람 살려! 이게 무슨 일이야!"

무슨 일이지?

봉봉에게 무슨 일이 생겼나 봐!

아니면 봉봉이 무슨 짓을 했거나!

다섯은 사람들이 밀려 나오는 방향과는 반대로 강의실로 우당탕탕 달려 들어갔다. 그리고 모두 기겁하고 말았다. 강의실 안에 우주가 펼쳐져 있는 것이 아닌가!

수만 수억 개의 별이 검고 무한한 공간에 보석처럼 반짝였고 머리 위로는 달과 태양이 빛났다. 저 아래로는 구름에 뒤덮인 푸른 지구가 펼쳐져 있었다.

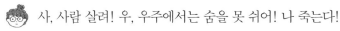 사, 사람 살려! 우, 우주에서는 숨을 못 쉬어! 나 죽는다!
괜찮아! 숨 쉴 수 있어! 이건 VR(가상 현실)이야!
말도 안 돼! 현대에 이렇게 생생한 영상을 구현하는 VR이 어디 있다고!
봉봉이 만들어 낸 거야!

봉봉은 끼긱끼긱 소리를 내며 우주 한가운데에서 비틀비틀 부유하고 있었다. 본인도 몹시 난처한 눈치였다.

VR은 그렇다 치고 중력은 어떻게 된 거야?
미래 기술이야! 뇌에 착각을 주는 모양이야!
봉봉! 가상 현실을 꺼 줘! 다들 무서워하잖아!
죄송합니다……. 데이터가…… 너무 엉키고 있어요. 기능이…… 엉망이 되었어요.
죽인다! 얏호! 내가 우주에 와 있다니! 굉장해! 내 생에 이런 체험을 하다니!
바보야! 쟤가 이것만 고장 난 게 아니면 어쩔 거야! 폭탄 스위치 같은 걸 오작동이라도 하면 우린 끝이야!

맨 뒤에서 날아들던 직원이 소리를 질렀다.

🧑 토론을 해야 해요!

🧑 직원 씨 말이 맞아. 토론을 계속해야 해!

🧑 이런 상황에서 무슨 토론을 해!

🧑 아무나 질문을 해 보세요! 뭐든지!

🧑 그래! 뭐, 뭐라도 질문해!

🧑 나 예전부터 궁금했는데요!

'은하철도 999'는 정말 만들 수 있는 거예요?

직원이 소리치는 것과 동시에 다섯은 쿵 하고 바닥에 떨어졌다.

🤖 오, 그건 저도 궁금하네요.

봉봉이 공중회전을 하며 다섯 사람 가운데로 내려왔다.

우주 모양의 가상 공간은 사라지지 않았지만 적어도 강의실 바닥은 느낄 수 있었다. 공순은 떨어뜨린 안경을 더듬더듬 찾아 도로 끼웠고, 상덕은 아쉬운 얼굴로 제자리에서 폴짝폴짝 뛰었다.

🤖 그런데 '은하철도 999'라는 게 뭐죠?

🧑 '은하철도 999'란 말이지…….

《은하철도 999》 마쓰모토 레이지, 1977

앞에서도 몇 번은 소개한 것 같은데, 마쓰모토 레이지의 대표작이야. 먼 미래에 부자들은 기계의 몸을 갖고 영생을 누리지만 가난한 사람들은 비참하게 살지. 그리고 우주 어딘가에 공짜로 기계 몸을 주는 행성이 있다는 전설을 들은 한 소년이 기계가 되기 위해 기차를 타고 신비한 여인 메텔과 여행을 떠나.

이 철도는 매번 다른 환경의 행성에 내려서 다른 문화와 모습을 가진 외계인들을 만나는데, 이 다양한 행성과 외계인의 모습이 하나의 우화와도 같은 느낌을 주는 애니메이션이지.

 그런 철도를 정말 만들 수 있나요?

 자, 어서 대화를 계속하자고. 이것보다 더 이상한 일을 겪고 싶진 않으니까.

 예, 다행히도 우리 말고는 다 집에 갔네요. 마음대로 떠들어도 되겠어요!

직원은 우주 공간 한가운데에 흐릿하게 떠올라 있는 영화 스크린을 보며 말했다.

"영화는 계속 틀어 놔도 되겠죠?"

질문 1: 우주 공간에 행성 간 왕래가 가능한 은하철도를 만들 수 있을까요?

상덕이 스마트폰으로 보여 준 〈은하철도 999〉 영상을 본 공순은 고민에 빠졌다.

🧑‍🦱 이건 어느 지점이 가능하냐고 묻는가에 따라 답이 달라지겠는데. 일단 우주선을 기차 모양으로 만드는 건 얼마든지 가능해. 우주에는 공기 저항이 없으니 우주선은 어떤 모양이든 상관없거든.

🧒 응, 실제로 애니메이션 안에서도 사람들의 마음을 편안하게 하기 위해 일부러 기차 모양으로 만들었다고 하니까.

🧑‍🦱 행성 사이에 철로를 건설하는 것에 대한 질문이라면 어떻게 생각해도 불가능해. 그만한 규모의 건설이 가능하냐는 둘째 치고, 행성은 계속 움직이고 있으니까 고정시킬 수가 없잖아. 게다가 우주에는 마찰력이 없으니 마찰력을 줄이기 위한 철로를 깔 이유가 없고.

🧒 실은 애니메이션 속 우주에도 철로가 없어. 철로는 지상에만 있다고.

상덕은 모두에게 〈은하철도 999〉에서 기차가 우주로 발진하는 모습을 보여 주었다. 기차가 20도 정도로 기울어진 기찻길을 올라가다가 하늘로 날아오르는 모습이었다. 공순은 몹시 고통스러운 표정이 되었다.

기차에서 나오는 저 증기는 뭐야? 증기 기관이야?

 증기 기관으로는 우주로 못 올라가나요?

 우주로 나가려면 지구의 중력이라는 거대한 힘을 이겨 내야 해요. 뭔가가 날아올라 다시 지상에 떨어지지 않으려면 제1우주속도(초속 7.9킬로미터) 이상이 되어야 하고, 중력권을 탈출해 우주로 가려면 제2우주속도(초속 11.2킬로미터) 이상이 되어야 해요.

"저 봐, 저 봐. 또 숫자 외웠어." 상덕과 작가가 뒤에서 수군거렸다.

 가장 빠르다고 알려진 기차가 일본 신칸센이고 시속 600킬로미터인데, 이 속도로 계속 가속해서 초속 11.2킬로미터까지 이르러야 한다고 생각하면……. 저 레일은 일본 끝에서 끝까지 이어져 있어도 모자라겠는데요.

그리고 경사진 철도를 타고 하늘로 올라가려면 철도가 점점 높아질 텐데, 그렇게 높은 건축물을 건설하려면 위험도가 급격하게 올라간다고요. 게다가 높은 곳일수록 바람이 세게 부는데, 저렇게 얇은 건축물은 아무리 단단한 재료로 만든다 해도 금방 붕괴해 버리고 말 거예요.

 그 모든 것을 감안한다고 쳤을 때, 건설은 할 수 있나요?

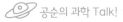
《은하철도999 우주레일을 건설하라!》 마에다건설 판타지 영업부, 2009

　마에다 건설은 일본의 대표적인 초대형 토목 건설 업체인데, 애니메이션에 나오는 마징가 Z나 은하철도 우주 레일처럼 거대 구조물을 제작하는 방법을 진지하게 검토하는 기획을 해서 화제가 되었어요. 마에다 건설에 의하면 우주 레일을 만드는 데에는 약 500억 원의 비용과 3년 3개월 정도의 기간이 필요하다고 하네요. 땅값은 제하고, 그 레일을 달린 기차가 우주로 탈출할 수 있는지도 제하고요.

 비효율을 감안하고 만들어 본다고 해도 저 철도의 안정성이 너무 걱정인데요. 지금까지 알려진 가장 단단한 물질은 탄소 나노 튜브예요. 그게 실용화된다면 모르겠지만요.

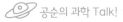
　탄소 나노 튜브

　우리 우주에서 가장 단단한 물질을 만들 수 있는 원소는 탄소예요. 우리가 잘 아는 다이아몬드가 바로 탄소죠. 탄소는 원자 구조상 네 개의 팔이 있어서 단단한 결합이 가능해요. 탄소를 나노 단위에서 조합한 물질이 탄소 나노 튜브인데, 현재까지 알려진 가장 단단한 물질이에요.

 하지만 그게 실용화되면 지상에 철도를 만들기보다는 엘리베이터를 만들 거예요.

무거운 우주선을 지구에서부터 끌어올릴 이유가 없지요. 우주선은 중력이 없는 우주에서부터 출발하게 하고, 우주까지는 사람만 가는 거죠.

 그래도 은하철도는 아름다운 메타포예요. 미야자와 겐지의 《은하철도의 밤》처럼요.

🪐 작가의 SF Talk!

《은하철도의 밤》 미야자와 겐지宮沢 賢治, 1933

두 소년이 은하철도를 타고 우주를 여행하며 여러 사람들과 만나는 아름다운 동화로, 마쓰모토 레이지의 《은하철도 999》와 여러 작품에 큰 영향을 주었지요.

 그런데 우주 엘리베이터가 뭐죠?

질문 2: 지구에서 우주까지 가는 엘리베이터가 만들어질 수 있을까요?

 우주 엘리베이터의 발상은 성서에 등장하는 바벨탑의 발상과 기본적으로는 같아요. 우주로 날아가는 대신 우주까지 이어진 높은 구조물을 만들어서 걸어 올라가는 거죠.

공순이 손가락 두 개를 까닥까닥 교차하며 사람이 하늘로 걸어 올라가는 시늉을 했다.

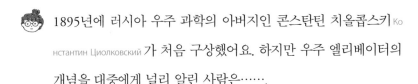 1895년에 러시아 우주 과학의 아버지인 콘스탄틴 치올콥스키 Konстантин Циолковский 가 처음 구상했어요. 하지만 우주 엘리베이터의 개념을 대중에게 널리 알린 사람은…….

SF 작가 아서 C. 클라크죠!

공교롭게도요…….

상덕이 싱글벙글 나섰고 공순이 어깨를 추욱 늘어뜨렸다.

 상덕의 SF Talk!

《낙원의 샘》 아서 C. 클라크, 1979

말 그대로 궤도 엘리베이터를 만드는 것에 관한 소설이에요. SF계에서 가장 권위 있는 문학상인 휴고상과 네뷸러상을 동시에 받았죠. 스리랑카의 불교 사원에 우주 엘리베이터를 만드는 과정을 깊이 있게, 그리고 아름답게 묘사해요. 아서 C. 클라크가 말년을 보낸 스리랑카에 대한 애정도 담겨 있고요.

 실용성이 있는 건가요?

 있는 정도가 아니죠.

우주로 나가는 데에 가장 돈이 많이 드는 지점은 대기권 탈출이에요. 일단 지구만 벗어나면 우주 공간에는 마찰력도 중력도 없기 때문에 추진하는 데에 거의 에너지가 들지 않아요. 그런데 그 과정에 드는 돈이 제로가 된다면? 철도나 고속도로가 건설된 것과는 비교도 할 수 없는 거대한 변화가 인류에게 일어날 거예요.

 이를테면요?

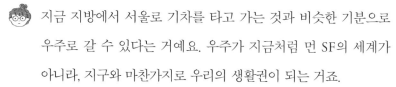 지금 지방에서 서울로 기차를 타고 가는 것과 비슷한 기분으로 우주로 갈 수 있다는 거예요. 우주가 지금처럼 먼 SF의 세계가 아니라, 지구와 마찬가지로 우리의 생활권이 되는 거죠.

화성 테라포밍 같은 것도 하고 그럴 수 있다는 뜻인가요?

질문 3: 지구 인류가 화성을 테라포밍하면 어떻게 될까요? 정말 인류의 미래는 화성 이주에 달려 있을까요?

테라포밍 이야기는 조금 전에도 했지요. 인류가 테라포밍을 한다면 확실히 화성이 가장 유력하죠. 이건…….

공순은 옆에서 반짝반짝 눈을 빛내는 상덕을 보고는 이젠 포기했다는 얼굴로 말했다.

상덕이 SF를 늘어놓는 게 이해가 빠르겠네요.

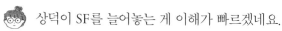 기다리고 있었습니다!

😊 상덕의 SF Talk!

《테라포마스》 사스가 유貴家 悠, 타치바나 켄이치橘 賢一, 2011

이 만화에서는 화성에 이끼와 바퀴벌레를 풀어놓는 것으로 테라포밍을 해요. 이끼는 산소를 만들고, 이끼를 먹고 증식한 바퀴벌레가 검은색 몸으로 태양열을 흡수해서 화성의 온도를 올리죠. 하지만 그 바퀴벌레가 진화하는 바람에 인간을 공격하게 돼요.

〈레드 플래닛〉 안토니 호프만 Antony Hoffman, 2000

바퀴벌레가 좀 이상하다면, 원리는 비슷하지만 이 영화에서는 검은색의 이끼를 뿌리는 것으로 테라포밍을 해요. 검은 이끼가 태양열을 흡수하고, 동시에 산소를 내뿜죠.

 어떤 방법으로든 화성에 온실 효과를 일으키면, 선순환으로 화성의 기온이 점점 오를 거예요. 그러다 화성 극지의 드라이아이스가 증발하게 되면 얇은 화성의 대기에 이산화탄소 대기가 만들어지겠죠. 그렇게 화성의 대기층이 두꺼워지면 이 대기 속에서 식물이 호흡하고 산소를 내뿜어서 사람이 숨 쉴 수 있는 대기를 만들어요. 이어서 극지나 지하의 얼음이 녹아 지표에 물로 흐르기 시작하면 화성도 사람이 살 만한 별이 될지도 몰라요.

〈토탈 리콜〉 폴 버호벤, 1990

필립 K. 딕의 소설을 원작으로 한 영화죠. 이 영화의 테라포밍은 좀 과장된 편이에요. 주인공이 먼 옛날 외계인이 남겨 둔 장치를 가동시키니까 지하의 얼음이 한순간에 녹아 수증기로 증발하면서 화성 대기가 순식간에 사람이 숨 쉴 수 있는 대기로 변하는데, 실제로 그렇게 순식간에 변할 수는 없겠죠.

하지만 아까도 이야기했죠. 만약 그 행성에 우리가 모르는 작은 생물들이 살고 있다면 우리는 일종의 대멸종을 일으키는 셈이라고요.

말을 끝낸 기자는 봉봉을 힐끗 보았다.

"좀 어때? 기능이 좀 돌아온 것 같아?"

봉봉은 '끼긱끼긱' 소리를 내 보다가 고개를 도리도리 젓고는 말했다.

"아직 잘 통제가 안 되는군요. 하지만 '은하철도 999' 이야기는 재미있었습니다. 다른 우주 이야기는 없나요?"

 아, 그러고 보니 전에 제가 〈인터스텔라〉를 봤는데 말이죠.

질문 4: 블랙홀에 빠지면 어떻게 되나요?

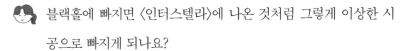 블랙홀에 빠지면 〈인터스텔라〉에 나온 것처럼 그렇게 이상한 시공으로 빠지게 되나요?

〈인터스텔라〉는 또 뭐죠?

 상덕의 SF Talk!

〈인터스텔라〉 크리스토퍼 놀란 Christopher Nolan, 2014

한국에서 유달리 크게 히트 친 영화로, 블랙홀의 모습을 아름다운 영상미로 보여 주어서 학자와 대중의 토론이 활발하게 일어났어. 블랙홀은 지금까지 표현되던 구멍 모양이 아니라 빛의 테로 둘러싸인 토성과도 같은 3차원 구의 모습으로 그려졌는데, 최신 연구 결과에 따른 모습이었지.

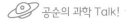 공순의 과학 Talk!

블랙홀

덧붙여서 설명하면, 블랙홀은 질량과 밀도가 너무나 커서 모든 것을 빨아들이기만 하고 빛조차도 나올 수 없는 천체를 말해. 있을 것 같지 않은 천체지만, 거대한 별이 수명이 다해 어느 이상으로 수축해 버리면 일어나는 일이야. 18세기부터 학자들이 이론상 존재할 수 있다는 생각을 계속했고, 블랙홀이 있어야만 가능한 우주 현상들이 관찰되면서 점점 확실해져 갔지.

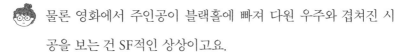 물론 영화에서 주인공이 블랙홀에 빠져 다원 우주와 겹쳐진 시공을 보는 건 SF적인 상상이고요.

그럼, 블랙홀에 가까이 가면 실제로는 어떻게 되나요?

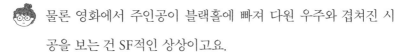 블랙홀은 중력이 너무 커서 가까이 다가가면 머리에 미치는 중력과 다리에 미치는 중력의 크기의 차이가 극단적으로 커져요. 그러면 몸이 엿가락처럼 늘어나며 빨려 들어가게 되죠. 또 중력은 빛도 휘게 하기 때문에 가까이 간 사람의 입장에서는 세상이 다 블랙홀을 중심으로 기울어지는 것처럼 보일 거예요.

와, 그래도 살 수 있나요?

당연히 죽죠! 하지만 중력은 시간도 느리게 만들기 때문에 바깥에서 블랙홀 가까이에 간 사람을 보면 영원히 정지한 것처럼 보

일 거예요. 바깥에서 보기엔 긴 시간에 걸쳐 죽겠지요. 당사자 입장에서는 바로 죽는 셈이지만.

《2001 스페이스 판타지아 2001 야화》 호시노 유키노부

이 책에 등장하는 〈사랑하기에는 충분한 시간〉이라는 단편은, 블랙홀에 접근하는 바람에 영원히 멈춘 시간 속에 갇힌 남편을 만나기 위해 먼 훗날 그 블랙홀로 찾아가는 아내의 이야기예요. 블랙홀 근처에 있는 남편 입장에서는 몇 분 뒤에 아내가 나타난 것이겠지만, 아내는 몇 십 년 뒤에 찾아간 것이죠. 둘의 인생은 본인들 입장에서 보면 또 몇 분 뒤면 끝날 테지만 바깥에서 보면 영원에 가까운 시간일 거예요.

그리고 어쨌든 우주에는 수명이 있어요. 설령 블랙홀 안에서 살아남는다고 해도 그 정도까지 시간이 느려지면 눈 깜짝할 사이에 우주의 수명이 끝나고 말죠. 그러니 어떻게든 죽게 될 테고요.

그렇군요.

그래도 블랙홀은 미지의 공간이고, 미지의 공간은 창작자가 자유롭게 활용할 수 있으니까요. 〈인터스텔라〉의 블랙홀 장면은 시공이 사라진 곳에서 '모든 시간이 함께 있다'는 것을 보여 준 아름다운 장면이었다고 생각해요.

화이트홀이나 웜홀은요?

그건 정말로 상상의 산물이에요. 블랙홀과는 달리 증거도 없고

요. 그저 '질량이 한없이 압축되고 모이는 곳이 있다면, 반대로 그것이 나오는 곳도 있어야 하지 않는가?' 하는 상상을 해 보는 거죠.

 SF에서 많이 활용되는 소재기도 하고요!

 물론 그렇겠지.

 상덕의 SF Talk!

《별빛속에》강경옥, 1987

외계 행성의 공주가 반란을 피해 지구에 대피해 있다가 다시 고향별로 돌아가면서 일어나는 이야기를 그린 만화예요. 블랙홀이 중요한 테마로 등장하죠. 신이 주인공이 여왕이 되어야 한다는 신탁을 내리는데, 나중에 알고 보니 주인공이 블랙홀의 궤도에 오른 고향별을 구할 수 있는 인물이기 때문이었어요. 주인공은 고향별을 구하러 블랙홀로 들어가지만 화이트홀로 빠져나와 살아남게 돼요.

〈콘택트〉로버트 저메키스 Robert Zemeckis , 1997

칼 세이건의 소설을 원작으로 한 이 영화에서 주인공은 웜홀을 통과해 아름다운 외계의 세상을 체험해요.

〈2001 스페이스 오디세이〉스탠리 큐브릭 Stanley Kubrick , 1968

이 영화의 마지막에 주인공이 통과하는 것도 웜홀이에요. 소설에서 주인공은 웜홀에서 신비한 체험을 하고 인간 이상의 존재로 태어나죠. SF에서 웜홀은 시간을 여행하거나, 먼 공간을 가로지르거나, 과학적으로 설명할 수 없는 미지의 세계를 탐험하는 용도로 쓰이곤 해요.

아서 C. 클라크의 3법칙

그러고 보니 아이작 아시모프의 '로봇 3원칙'이 있다면, 아서 C. 클라크의 '3법칙'이라는 것도 있어요.

1. 과학자가 무엇을 '가능하다'라고 말하면 그것은 거의 사실이다. 하지만 '불가능하다'라고 말하면 거의 사실이 아니다.
2. 가능성의 한계를 알아보는 유일한 방법은 불가능할 때까지 시도해 보는 것이다.
3. 충분히 발달한 과학은 마법과 구별할 수 없다.

모두 과학자들에게는 물론, SF에서도 무한히 재인용되는 명언들이에요.

 아아, 정말이지.

질문 5: 이 광활한 우주에서 미약한 인간의 존재 의미는 무엇일까요?

 창백한 푸른 점 pale blue dot 은 보이저 1호가 토성 궤도를 지나고서 지구를 찍은 사진인데, 사진에 찍힌 지구의 모습이 너무나 희미해서 처음엔 카메라에 묻은 먼지로 착각했다고 하죠.

칼 세이건이 이 사진을 보며 한 말이 그의 저서 《코스모스》에 실려 있어요. 칼 세이건은 말했어요. 저 점이 우리의 고향이라고, 모든 인류가 저기에서 살았다고요. 그리고 저 점의 작은 영역의 주민들이 분간도 안 되는 다른 영역의 주민들을 죽이고 증오하는 것에 대해서 생각해 보라고 했죠.

또 이렇게 말했어요. 우리 행성은 어두운 우주 속의 외로운 알갱이고, 하나도 특별하지 않고 우리를 구해 줄 이들이 다른 곳에서 올 기미도 없다고.

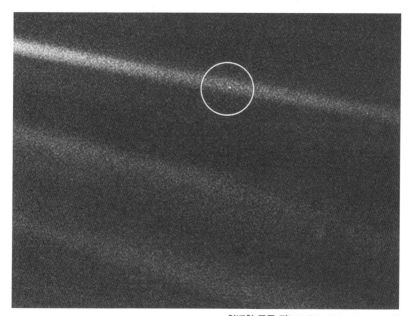

창백한 푸른 점(사진 출처: NASA, JPL—Caltech)

그리고 남은 이야기

질문 6: 행성들을 밀어서, 또는 당겨서 거리를 좁혀 놓으면 어떻게 될까요?

애니메이션 〈저스티스 리그〉에서, 슈퍼맨이 우주 천체와 충돌할 운명인 지구를 보고 "내가 지구를 밀어서 피할까?"라고 묻는데 배트맨이 "시간만 있다면 네가 그러면 안 되는 이유를 100만 가지쯤 이야기해 주지."라고 대답하는 장면이 떠오르네요. 말 그대로 100만 가지의 문제가 생기겠죠.

일단 행성 공전 궤도들이 흐트러져서 다시 안정화될 때까지 오랜 시간이 걸릴 거예요. 지구에 그런 짓을 한다면 우리를 포함한 모든 생물들에게는 대재앙이 일어날 거고요. 소행성들이 지구 충돌 코스로 들어올 수도 있고, 지구가 지금의 공전 궤도를 벗어나 다른 궤도를 타게 될 수도 있겠네요. 어쨌든 현재의 지구 생태계는 붕괴될 거예요.

그런 소재를 다룬 SF도 있나요?

《은하수를 여행하는 히치하이커를 위한 안내서》

더글러스 애덤스 Douglas Adams, 1979

여기서는 외계인들이 우주 고속도로를 건설하겠다고 지구를 철거해요. 코믹 소설이라 별 문제는 없었겠지만 태양계 균형 전체가 일그러졌겠지요?

《문로스트》 호시노 유키노부, 2003

이 만화에서는 달이 소멸되면서 지구에 대재앙이 닥치죠. 지구의 자전축이 고정되어 있는 건 달의 인력 때문이고, 지구에 안정적인 사계절이 오는 것도 자전축이 고정되어 있기 때문이거든요. 그런데 만약 달이 없어지면 지구의 자전축이 흔들리면서 폭염과 혹한이 반복되겠지요. 밀물과 썰물에 맞춰 사는 많은 생물들의 생태계도 다 망가질 거고요. 그래서 이 만화에서는 목성의 위성을 끌어와 달을 대신한다는 구상을 해요.

《세븐이브스》 닐 스티븐슨 Neal Stephenson, 2015

이 소설도 달의 폭발을 다뤄요. 조각난 달이 서로 충돌하여 부서지면서 지구에 운석이 쏟아져 내리게 되는데, 그 현상이 몇 천 년에 걸쳐 일어나는 바람에 지구는 인류가 살 수 없는 행성이 된다는 이론을 펼쳐요. 소설 속에서는 일곱 명의 여자들만이 살아남아 지구의 역사를 다시 시작하죠.

<〈떠도는 지구 流浪地球 〉 류츠신劉慈欣, 2000

　　중국의 대표 SF 작가 류츠신이 쓴 소설로, 2019년에는 영화로
도 만들어졌어요. 태양이 곧 사라지게 되고 지구의 대재앙을 막을
수 없는 시대에 무려 지구에 추진기를 달아 새 태양계로 떠난다는
내용의 소설이에요. 스케일이 굉장하죠?

질문 7: 우리가 살고 있는 우주도 결국엔 하나의 세포가 아닐까요?

 이건 '가이아 이론'에 대한 질문인 것 같네요.

 가이아 이론이 뭔가요?

 말 그대로 지구가 하나의 살아 있는 생명체라는 생각이에
요. 우리는 그 생물 위에 살고 있는 미생물이고요. 제임스
러브록 James Lovelock 이라는 영국의 학자가 1972년에 주장
했는데…….

SF 작가 제임스 팁트리 주니어가 그보다 더 먼저 소설 안
에서 보여 주었다는 설도 있어요.

〈아인 박사의 마지막 비행〉 제임스 팁트리 주니어, 1969

《체체파리의 비법》에 수록된 이 소설에서는 지구가 하나의 생물이며 우리는 그 위의 질병이라는 개념이 나와요. 그리고 이 소설은 제임스 러브록이 가이아 이론을 주장하기 3년 전에 발표한 소설이죠.

《지구의 부르짖음 When the World Screamed》
아서 코난 도일 Arthur Conan Doyle, 1928

아서 코난 도일의 단편 소설이에요. 코난 도일은 추리 소설가로만 알려져 있지만, 실은 역사 소설이나 SF 소설도 썼지요. 이 소설에서는 드릴로 구멍을 뚫어 지하 깊숙이 내려가는데, 어느 지점에서 다른 지표가 나타나고, 거기에 드릴을 대자 이 세상의 것이라고는 믿어지지 않는 무시무시한 부르짖음이 들린다는 내용이에요.

《저 이승의 선지자》 김보영, 2017

이 소설이 지금 질문에 대한 가장 좋은 예시가 되겠네요. 지구만이 아니라, 우주 전체가 하나의 생물이라는 전제 하에서 시작하는 소설이에요. 힌두교와 불교의 범아론, 그러니까 '만물이 곧 나이며, 내가 곧 만물'이라는 생각과 이어지는 면도 있는 소설이에요.

Chapter 9

만나서 반갑습니다, 외계인 씨

– 지금 당장 우주의 다른 생명체와 만날 수 있다면

"우리를 구해 줄 이들이 다른 곳에서 올 기미도 없다······."

기자는 조금 전의 말을 반복하며 수첩에 기록했다. 공순의 뒤에서 상덕과 작가가 쑥덕거렸다.

"저런 말은 왜 기억하고 있대?"

"이럴 때 자랑하고 싶어서 기억했겠지?"

"이건 우리가 우주에서 고독한 존재라는 뜻인가요? 우리가 지구인 이외의 외계인을 만날 가능성은 없다는 뜻일까요?"

"아녜요. 칼 세이건은 외계인이 '없다'라고 말한 것이 아니에요. 실제로 '이 광활한 공간에 우리뿐이라면 무슨 공간 낭비인가.'라고 말하기도 했죠."

"봐, 봐. 또 외웠네."

"그러게 말야."

상덕과 작가가 다시 뒤에서 수군거렸다. 공순은 '쯧' 하고 혀를 찬 뒤 신경을 끄고 말을 이었다.

"외계인은 존재할 가능성이 높아요. 우주는 무한하니까요. 하지만 '만날 수 있는가'는 다른 문제죠. 왜냐하면 우주가 무한하니까요."

"재미있군요. 그에 대해 더 이야기해 주시겠습니까?"

봉봉이 질문했다.

질문 1: 이 우주에 인간과 같은 생명체가 또 있을까요?

 우선 '생명체'에 한정해서 말하면 반드시 있어요. 가까운 태양계 행성에도 우리가 발견하지 못한 무수한 미생물이 존재할 가능성이 있죠.

인간과 같은, 말하자면 지성이 있는 생명체에 한정한다면 드레이크 방정식이라는 게 있어요. 1960년대에 프랭크 드레이크_{Frank Drake} 박사가 고안했죠.

 공순의 과학 Talk!

드레이크 방정식

이 방정식은 우주에 인류가 교신할 수 있는 다른 생명체가 존재할 확률에 대한 계산식이에요. 이 식에서 쓰이는 값은 다음과 같죠.

$$N = R^* \times f_p \times n_e \times f_l \times f_i \times f_c \times L$$

N : 우리 은하 내에 존재하는 교신이 가능한 문명의 수

R^* : 우리 은하 안에서 1년 동안 탄생하는 항성의 수

f_p : 이들 항성들이 행성을 갖고 있을 확률 (0~1)

n_e : 항성에 속한 행성들 중에서 생명체가 살 수 있는 행성의 수

f_l : 조건을 갖춘 행성에서 실제로 생명체가 탄생할 확률 (0~1)

f_i : 탄생한 생명체가 지적 문명체로 진화할 확률 (0~1)

f_c : 지적 문명체가 다른 별에 자신의 존재를 알릴 수 있는 통신 기술을
갖고 있을 확률 (0~1)

L : 통신 기술을 갖고 있는 지적 문명체가 존속할 수 있는 기간 (단위: 년)

다들 눈만 깜빡깜빡하자 공순이 손을 내저으며 말했다.

다 알 필요는 없고요. 저 모든 값이 미지수라는 것만 이해하면
돼요. 하지만 드레이크의 계산에 의하면 L값을 제외한 나머지를
합한 값이 1에 가깝게 나왔죠.

그건 무슨 뜻인가요?

'문명이 멸망하지 않고 존재하는 햇수'와 '이 우주에 서로 소통할
수 있는 외계 항성의 숫자'가 같다는 거죠.

오, 낭만적인 계산 결과네요.

그럼 우리 문명이 한 해 더 이어지면, 우리와 소통할 수 있는 외
계 항성이 하나 더 있다고 상상할 수 있다는 뜻인가요?

……낭만적으로 생각하면요?

아이작 아시모프가 드레이크 방정식에 따라 계산한 결과에 의하

면 대략 60광년에 하나씩 외계인이 존재할 거라고 해요.

60광년이면 얼마나 멀까요?

빛의 속도로 60년을 가야 하는 거리예요. 설령 광속 우주선이 있어도 한 사람이 죽기 전에 도착할 수가 없어요. 광속이라도 세대 우주선이 필요하죠.

 상덕의 SF Talk!

세대 우주선

SF 작가들은 우주의 별과 별 사이가 너무 멀기 때문에 한 사람의 인생을 다 써도 도착할 수 없다는 생각에 착안해 세대를 이어 살아가는 우주선을 상상해 왔어요. 작은 규모의 우주선은 생태계를 지탱할 수 없기 때문에 기본적으로 거대한 구조를 갖고 있죠. 로버트 A. 하인라인의 《조던의 아이들》이 대표적인 작품이에요.

그리고 지금까지 알려진 우주선은 빛의 속도보다 믿을 수 없게 느리고요. 빛은 1.3초 정도면 달에 가지만, 우리는 3일에서 5일은 걸리죠. 외계인이 우리를 보기 위해 그 먼 거리를 날아왔다고 해도⋯⋯.

음, 이제 공순 씨가 말한 공식을 이해했어요. '만약 우리 문명이 그 사이에 멸망해 버렸다면' 우리를 만날 수 없다는 거군요.

그래요. 지구에서 가장 오래된 문명이라는 수메르 문명도 겨우 기원전 5500년 전이에요. 7500년 전쯤인 셈이죠? 지구의 역사는

45억 년이나 되는데요. 어떤 외계인이 지구가 생물이 살 수 있는 별이라는 것을 알고 찾아왔다고 해도, 1만 년 전에 도착했다면 우리를 만날 수 없는 거죠.

반대로 우리가 외계로 갔을 때에도 이미 문명이 멸망했거나 생겨나기 전일 수도 있고요.

전 한 가지 더 궁금한 게 생겼는데요.

질문 2: 왜 SF 영화나 드라마에서 외계인의 모습은 모두 전형적이죠?

왜 식물이나 벌레의 모습을 한 외계인은 없나요?

그야…… 벌레나 식물에게 연기를 시키기는 어려우니까요?

작가가 머리를 긁적이며 답했다.

SF라고 해도 실제 외계인을 보여 주려는 것보다는, 인간 사회의 다양한 모습을 보여 주기 위한 풍자로 활용하는 거니까요. 하지만 인간과 다른 모습의 외계인이 나오는 SF도 많아요.

존 윈덤 John Wyndham 의 《트리피드의 날》1951 에서는 걸어 다니며 사람을 잡아먹는 식물이 등장하죠. 데즈카 오사무의 《불새》에서는 식물은 포자의 형태로 날아다니지만 동물은 식물처럼 땅에 붙박여 사는 행성도 나와요. 만화와 소설은 CG가 필요 없으니 구상이 더 자유롭죠.

《솔라리스》에서는 바다의 모습을 한 외계 생명체가, 《중력의 임무》에서는 벌레에 가까운 외형의 외계인이 나와요.

🪐 상덕의 SF Talk!

《솔라리스》 스타니스와프 렘 Stanislaw Lem , 1961

안드레이 타르코프스키 Андрей Тарковский 의 영화로도 만들어졌지요. 어떤 사람이 외계인은 보이지 않고 바다만 펼쳐져 있는 다른 행성에 도착했는데 계속 죽은 아내의 환상이 나타나죠. 알고 보니 이 행성에서 의식을 가진 존재는 바다였고, 바다가 주인공의 마음을 읽고 환영을 보여 주는 것이었어요.

《중력의 임무》 할 클레멘트 Hal Clement , 1953

하드 SF의 고전으로, 중력이 아주 강한 행성을 과학적으로 잘 묘사한 작품이죠. 중력이 강하기 때문에 이 세계의 주민은 땅에 붙어 있는 납작한 몸에 여러 개의 다리가 있는 모습으로 묘사돼요.

코미디 영화 〈맨 인 블랙〉에도 바퀴벌레에서부터 낙지까지 다양한 모습의 외계인들이 나오죠.

괴물로 넘어가면 더 종류가 많아지겠네요. 〈에일리언〉에서도 강철 같은 피부에 금속을 녹이는 강산성 혈액을 가진 외계인이 나오잖아요.

또 궁금한 게 있는데요.

질문 3: SF 영화에서 외계인들은 왜 그렇게 지구를 침공하나요?

 상덕이 말했다시피 그것도 하나의 은유지요. 판타지 소설에 등장하는 악마의 역할을 SF에서는 외계인이 대신하는 거예요.

 적이 인류가 아닌 존재라는 점에서 도덕과 윤리의 문제를 날려버릴 수 있으니까요. 무자비하게 퇴치해도 문제가 안 되게 말이죠. 단순한 스토리를 만들기 좋은 소재죠.

 좀비처럼 말이죠?

 웰스의 《우주 전쟁》은 처음으로 지구 바깥의 적을 상상한 작품이에요. 《우주 전쟁》이 라디오 드라마로 방송되었을 때, 시민들이 정말 외계인이 침략했다고 믿고 대피 소동을 벌인 에피소드는 유명해요.

《우주 전쟁》 허버트 조지 웰스, 1898

　지금이야 전형적인 이야기라지만, 이 작품 이전에는 외계의 적이라는 것에 대해 아무도 생각하지 못했어요. 이 소설을 라디오 드라마로 만들어 시민들이 피난하는 대소동을 일으킨 인물은 후에 저 유명한 〈시민 케인〉을 만든 오슨 웰스Orson Welles 예요.

실제로 웰스는 '언젠가 외계의 침입이 있을 수도 있으니 지구인은 하나가 되어야 한다'라는 메시지를 전하려고 했다고 하지만, 의도가 잘 전해졌는지는 모르겠어요.

화성인들이 지구를 침공하는 모습은 당시 유럽 제국주의 열강이 제3세계에서 식민지 영토 경쟁을 벌이는 모습을 풍자한 것이라는 해석도 있어요.

웰스는 외계의 침공뿐 아니라, 공중에서 폭탄을 투하하는 공중전 전쟁이나 대량 살상 무기, 원자 폭탄을 상상했죠. 웰스는 그런 것이 생겨날 수 있는 미래를 경고하기 위한 것이었다고 하지만, 웰스의 상상력은 앞에서 말했듯이 오히려 전쟁을 주도하는 사람들에게 영감을 주고 말았어요.

아아, 슬픈 일이네요.

냉전 시대에 미국에서 만든 B급 SF 영화의 외계인들은 공산주의 진영의 위험을 상징하는 경우가 많았어요. 〈스타워즈〉의 제국군 복장도 그런 느낌이잖아요?

하지만 냉전이 끝나 가면서 〈스타맨〉처럼 따뜻하고 온화한 외계인이 등장하기 시작했죠.

〈스타맨〉 존 카펜터 John Carpenter , 1984

이 영화에선 지구에 불시착한 외계인이 주인공의 죽은 남편의 모습으로 나타나요. 주인공은 이 외계인을 경계하고 불신하지만, 외계인에게는 아무 적의가 없고 단지 지구인의 문화를 잘 모를 뿐이라는 것이 점점 밝혀지죠. 외계인이 지구인에게 '사랑이란 무엇인가', '친구란 무엇인가' 하고 던지는 질문들로 철학적인 메시지를 전하는 영화예요. 후속 드라마가 한국에서도 TV로 방영되었어요.

〈E.T.〉 스티븐 스필버그 Steven Spielberg , 1982

이 영화를 모르는 사람은 없겠지요? 〈쥬라기 공원〉이 나오기 전까지 스티븐 스필버그의 최고 흥행작이었죠. 식물학자인 외계인이 지구에 혼자 남겨졌다가 어린 아이들을 만나며 친구가 되는 내용이에요. 인간과 완전히 다른 모습의, 다른 문화에서 온 외계인이라도 친구가 될 수 있다는 메시지의 시작점과도 같은 작품이지요.

 좋아요. 그러면 반대로 말이죠.

질문 4: 외계인이 아니라 인류가 다른 외계 행성을 침략하는 일은 없을까요?

 저는 우리가 외계에 진출했을 때 어떻게 행동할지는 지구인이 다른 대륙에 진출했을 때 어떻게 행동했는지를 보면 알 수 있을 것 같아요.

아메리카 대륙에 도착한 서구인들은 그 대륙에 사는 원주민들을 쫓아내거나 학살했지요. 하지만 그 와중에도 한편으로는, 서구인과 원주민이 어울려 살면서 혼혈을 이루어 메스티소라는 새로운 인종이 생겨나 남아메리카에 정착하게 되었지요. 같은 시대의 인류라도 상황에 따라 다른 양상을 보이지 않을까 해요.

듣다 보니 어슐러 르 귄의 《빼앗긴 자들》이 떠오르네요.

상덕의 SF Talk!

《빼앗긴 자들》 어슐러 K. 르 귄, 1974

이 소설에는 서로 마주 보는 쌍둥이 행성이 나와요. 한쪽은 아나키즘적 사회주의, 다른 한쪽은 자본주의 체제인데 서로 깊이 증오하죠. 여기에서 한 명의 아나키스트가 두 세계를 교류시키기 시작해요. 냉전이 한창인 무렵에 쓰였다는 점이 놀랍지요. 어슐러 K. 르 귄은 서로 원수로 생각하는 자본주의와 사회주의라도 서로 이해하고 교류할 수 있다고 생각하며 쓴 소설일 텐데, 이 메시지를 읽어 내는 사람이 그 시대에든 지금이든 많지 않은 것 같네요.

하지만 외계인을 만나면 서로 말이 안 통할 거 아녜요? 그럼 어떻게 하죠?

질문 5: 인류가 만약 우리보다 지적 수준이 낮고 폭력적인 외계인과 만난다면 어떻게 대화를 나눌 수 있을까요?

🧑 으음, 우리가 말이 안 통하는 외국인과 할 때처럼 하지 않을까요? 손짓, 발짓을 한다든가.

🧑 하지만 정말 문화나 생활 방식이 완전히 다르고, 우리와 대화하려고 하지도 않으면요?

🧑 에헴, 정확히 그런 상황이 《우주선 비글 호의 항해》라는 작품에 나오는데요.

 상덕의 SF Talk!

《우주선 비글 호의 항해》 A. E. 밴 보그트, 1950

탐사 대원들이 외계 괴물과 대치 중이에요. 괴물은 육체적으로도 지적으로도 지구인보다 한참 뛰어난 데다가 벽을 뚫고 지나가는 초능력까지 선보였죠. 그때 지구인 한 명이 앞으로 나서더니 외계 괴물에게 종이쪽지를 건네줘요. 그걸 받아 본 괴물은 크게 동요하죠.

그 종이쪽지에는 바로 어떤 합금의 결정 구조가 그려져 있었어요. 괴물이 뚫고 지나가지 못한 특수 합금이 있는데, 그걸 이용해서 제압하겠다는 의사 표현을 한 거예요.

🧑 결정 구조로 대화한다……. 그러려면 적어도 상대방이 결정 구조를 알아볼 수 있어야 하겠네요.

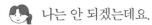 나는 안 되겠는데요.

외계인이 그만한 지적 능력이 있다고 가정한 거죠. 설령 다른 행성이라도 이 우주에 있는 이상 물질의 결정 구조나 분자 구조는 같을 테니까요.

그렇군. 산소 원자 1개에 수소 원자 2개가 서로 104.5도쯤의 각도를 이루며 붙어 있는 모습이라면 '물'이라는 것을 알아차릴 테니까.

꼭 104.5도라는 숫자를 말해야겠어?

참, 수학도 언어로 쓸 수 있을 거예요. 수학이야말로 결정 구조만큼 우주의 보편적인 언어니까요.

《콘택트》칼 세이건, 1985

이 소설에는 외계인이 보낸 신호를 포착하는 유명한 장면이 나와요. 그 장면에서 외계 전파는 소수와 일치하는 횟수만큼 신호음을 내고 있었죠. 소수는 1과 그 자신만으로 나뉘는 수로 2, 3, 5, 7, 11, 13……의 순서로 나타나요.

외계 전파가 자연적이지 않은 수식을 보낸다면 그건 상대가 지적인 존재일 가능성이 있다는 뜻이에요. 실제로 외계인을 탐색하는 SETI 프로젝트에서도 이 원칙으로 우주를 탐사하고 있어요.

서로 어떤 말을 하는지 당장은 알 수 없어도, 수학이나 과학의 수식을 전달한다면 적어도 서로가 지성을 가진 존재라는 것을 알릴 수 있다는 거군요.

외계인을 만나게 될 때를 대비해서 하나쯤 준비해 놔야겠네요. 원주율 값을 열 자리까지 외운다든가 하는 것도 도움이 될 수 있을까요?

어쩌면요? 서로의 지적 수준이 너무 다르다면 도움이 안 되겠지만요.

테드 창의 《당신 인생의 이야기》가 바로 이런 이야기예요. 외계인이 지구에 찾아왔는데, 다른 전문가들 대신 언어학자를 데려가 만나게 한다는 게 현실적인 느낌을 주죠.

맞아요. SF 영화를 보면 늘 그게 이상했어요. 외계인만 보면 닥치고 싸우는 거요! 싸우기 전에 일단 대화부터 해 봐야 할 것 아니에요?

정말 그 영화에서처럼 언어를 배운다고 해서 사고방식도 변할까요?

언어학에는 여러 이론이 있어요. 이 작품은 언어가 생각을 결정한다는 이론을 SF라는 장르의 특징을 활용하여 극단적으로 밀고 간 거죠.

언어 습관이 사고방식과 밀접한 관련이 있음을 보여 주는 예는 많아요. 예를 들면, 한국어는 자기를 집단으로 부르는 경우가 많아요. 외동딸인데 엄마를 보고 '우리 엄마'라고 하기도 하죠. 주어 생략을 굉장히 많이 하고요. 반면 영어는 주어를 넣지 않고는 문장이 성립되지 않아요. 주어를 생략하거나 집단 언어를 많이 쓰는 한국의 언어 습관은 서구의 개인주의적인 사고에 비해 집단주의적인 사고를 하게 한다고 볼 수도 있겠죠.

그리고 누구나 알다시피 한국어에는 반말과 높임말이 있어요. 이런 언어는 상대방을 만났을 때 우선 반말을 할지 높임말을 할지 생각해야 하고, 상대가 나보다 위인지 아래인지 서열 체크를 먼저 하게 만들어요. 이런 언어 습관은 수직적이고 경직된 사고를 가져올 수도 있죠.

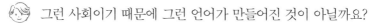 그런 사회이기 때문에 그런 언어가 만들어진 것이 아닐까요?

맞아요. 무엇이 먼저인지 알 수 없지요. 그러니 하나의 가설일 뿐이에요.

하지만 만약 우리가 다른 나라의 언어를 배우고 그것을 모국어처럼 쓰게 되었을 때, 과연 그 영화에서처럼 사고방식마저 변하게 될지 생각해 보면 재미있겠죠?

SF는 아니지만 레이먼드 카버 Raymond Carver 의 대표작인 〈대성당〉에서는 주인공이 맹인의 손을 따라 그림을 그리면서 맹인의 관점을 이해하게 돼요.

결국 서로 다른 존재가 소통한다는 건 얼마나 상대의 입장에 열심히 서 보려고 노력하며 공감하려고 애쓰는가에 달려 있지 않은가 해요.

맞는 이야기예요.

그렇군요. 우리도 봉봉과 소통하기 위해서는 봉봉의 입장에 서

보아야 하지 않겠어요?

Chapter 10

과거의 나에게 로또 번호를 알려 주고 싶어

－SF는 시간 여행을 어떻게 그릴까

기자가 "봉봉의 입장에서……."라고 말하는 순간 봉봉의 등에 있는 배터리 잔량 표시가 전부 찼다. '띠로리로링' 하는, 지금까지보다 더욱 경쾌한 음악이 들리면서 봉봉의 몸이 공중에 살짝 떠올랐다. 가상 현실 우주에서 불꽃이 펑펑 터지기 시작했다.

 봉봉, 괜찮아? 어디 잘못된 거 아냐?

 인류가 멸망하나 봐!

 죽인다!

불꽃놀이가 끝나고 가상 현실 우주의 풍경도 사라졌다.

모두가 다시 빈 강의실로 돌아와 있었다. 벽에 걸린 스크린에는 영화가 다 끝나 'END'라는 글자만 크게 떠 있었다. 봉봉은 사뿐히 땅에 내려왔다. 눈 모양이 반원형이 되어 웃는 듯한 표정이 되었다.

"데이터 정리 완료. 모든 기억이 돌아왔고 기능도 모두 회복되었습니다."

봉봉이 말을 이었다.

어디까지 이야기했죠? 예, 짜잔 씨가 죽은 사람들의 데이터를 가상 현실에 풀어놓고 그 수가 기하급수적으로 늘어나자 기업과 정부가 공모해서 그들을 '제거'하기 시작했어요. 처음에는 암암리에 했지만 나중에는 노골적으로 자행했죠.

너무해!

하지만 실제로는 죽은 사람이잖아. 그냥 데이터라고.

본인들 입장에서는 그렇지 않을 수도 있다고.

저항 운동을 하던 짜잔 씨는 결국 극단적인 생각에 빠지고 맙니다. 살아 있는 사람들을 모두 죽이고, 인류 모두가 가상 세계에서 천년 왕국을 건설하자는 생각이었어요. 죽은 사람 모두가 만장일치로 이에 응했죠.

다섯은 침을 꿀꺽 삼키며 긴장했다.

그리고 짜잔 씨가 가상 세계에 접속한 전 인류의 뇌를 파괴하려는 찰나, 짜잔 씨의 친구인 '봉순'이 자신의 기억 데이터를 입력한 저를 과거로 보낸 겁니다. 그 미래를 바꾸기 위해서요.

그럼 우리가 뭘 해야 하는데?

봉봉은 직원을 스윽 보더니 가까이 가서 손을 꼬옥 잡았다.

"응? 왜?"

"오늘 정직원 씨는 이 영화제에서 어떤 사람을 만날 예정이었어요. 그리고 그 사람과 결혼하기로 되어 있었죠. 하지만 그 사람은 조금 전에 도망갔어요."

"응?"

"당신의 딸이 바로 그 짜잔 씨였던 거예요. 당신과 그 남자의 유전자 배합이 특이 체질을 만들어서 짜잔 씨에게 가상 세계에서 쓸 수 있는 초능력을 주었던 거죠."

잠깐 눈을 깜빡깜빡하던 정직원은 "으아아악!" 하고 소리를 질렀다.

 잠깐, 지금 나 결혼할 기회를 놓친 거야?

 남자는 많아요. 너무 아쉬워 마세요.

 이런 게 어디 있어!

 뭐 어때. 인류 멸망을 막았잖아요. 좋아요, 좋아.

 해피 엔딩이군요.

구석에서 꾸물꾸물 우울해하는 직원을 기자가 토닥이는 사이, 작가는 기지개를 켜며 암막 커튼을 활짝 열었다.

새벽녘 햇살이 강당 안으로 들어왔다.

상덕은 "우리가 인류를 구했어! SF로!" 하면서 혼자 팔짝팔짝 뛰었고, 옆에서 공순이 혀를 쯧쯧 찼다.

봉봉, 그럼 넌 이제 미래로 돌아가는 거야?

예, 문제를 해결했으니까요. 다 여러분 덕분입니다.

와, 그런데 궁금한 게 있는데, 시간 여행은 어떻게 하는 거야? 무슨 방법을 써?

상덕이 묻자마자 봉봉이 갑자기 전원이 꺼진 것처럼 정지했다. 각자 몸을 풀던 다섯은 어리둥절해서 봉봉을 돌아보았다. 봉봉은 잠깐 이리저리 서성이다가 조심스럽게 말을 꺼냈다.

"저, 죄송한데……"

"응?"

"마지막으로 시간 여행에 대해 토론해 주시겠어요? 그러면 제가 집으로 돌아갈 수 있겠습니다."

공순은 쿠당 하고 뒤로 넘어졌고, 작가는 푸합 하고 웃었고, 상덕은 "맡겨만 줘!" 하고 팔을 빙빙 돌렸다.

시간 여행이 가능한가요? 어떻게 가능하죠?

봉봉은 알고 있을 것 같은데 말이죠.

방법이 기억나면 벌써 집으로 돌아갔겠지요! 지금까지와 마찬가지로 정답을 맞힐 필요는 없어요. 중요한 건 생각의 교류니까요.

그래요. 참, 그렇지……

기자는 생각났다는 듯이 질문했다.

질문 1: 타임머신은 빛보다 빨라야 가능하다던데 사실인가요?

 우선 시간 여행을 다룬 SF를 몇 편 소개해 드려야겠네요.

상덕은 털썩 하고 강의실 의자 하나를 골라 앉으며 말했다.

상덕의 SF Talk!

《타임머신》 허버트 조지 웰스, 1895

'타임머신'이라는 말을 처음 만든 사람은 웰스였죠. 현대의 시간 여행 장치에 대한 상상은 모두 이 작품에서 비롯했어요. 웰스는 우리가 비행기나 자동차로 수평, 수직 이동을 하는 것처럼 기계를 이용해서 시간을 이동할 수도 있으리라고 생각했죠. 시간도 공간의 한 축이니까요. 그러기 위해서는 빛보다 빠르게 가야 한다는 생각까지도 했어요. 소설 속에서 주인공은 과거가 아니라 미래로 가기는 했지만요.

〈닥터 후〉

영국의 국민 드라마죠. 1963년부터 지금까지도 이어져 오고 있어요. '닥터'라는 이름의 외계인이 시간과 공간을 넘나드는 이야기예요. 역시 웰스의 나라답잖아요. 한 나라의 국민 드라마가 SF고 시간 여행 드라마라는 게 부럽지 않아요?

《타임 패트롤》 폴 앤더슨 Poul Anderson , 1995

시간 여행 SF의 고전이자, '시간을 넘나들며 관리하는 경찰'이라는 개념을 처음 보여 주었죠. 빅토리아 시대, 고대 페르시아, 고대 이탈리아 등 온갖 지구의 역사를 넘나들며 역사를 조작하려는 시간 여행자를 쫓아다니는 추적극이에요.

아인슈타인의 상대성 이론에 의하면, 현실 우주에서는 어떤 물질도 빛보다 빠를 수 없어요. 물체는 움직이면 정지해 있을 때보다 시간이 느려지고, 질량이 증가하죠.

자주 듣는 말이지만 늘 잘 모르겠다니까요. 그게 가능한 일인지 말이죠.

현실에서 우리는 빛에 비해서는 믿을 수 없이 느리니까요. 하지만 그건 실제로 우리 우주에서 일어나는 일이죠. 인공위성은 늘 움직이기 때문에 실제로 시간이 느려져서, 지구와 시간을 맞추려면 미세하게 조정해야만 해요.

빛의 속도에 근접하면 시간은 느려져요. 그리고 빛의 속도에 이르면 시간은 정지하고 질량은 무한대가 돼요. 그러니 빛의 속도를 넘는 건 우리 우주에서는 불가능하다는 뜻이죠.

언젠가 한 과학자에게 시간 여행을 하는 방법을 물어본 적이 있는데, 진심으로 진지하게 고민하더니 정말 안 된다고 하더군요. 어떤 물질이 빛보다 빠르려면 질량이 허수여야 한다고요. 질량이 허수가 되는 물질이 존재할까요? 그런 물질이 정말 있다면 그 물질은 계속 에너지를 방출해서 우리 우주를 붕괴시킬 거라는 거

예요. 하지만 우리 우주와는 다른 규칙에 의해 돌아가는 다른 우
주라면 가능할 수도 있겠죠.

네, 그래도 시간을 뒤집는 것은 그것만으로도 즐거운 상상거리를
제공하니까요.

맞아요. 우린 늘 생각하잖아요. '과거로 가서 그 일만 다시 하면
어떻게 될까.' 하고요.

겨우 슬픔을 수습하고 끼어든 직원이 말했다.

하지만 과거로 가면 문제가 되지 않나요? 이를테면요.

**질문 2: 과거로 가서 나 자신을 만나면 어떻게 되나요? 거기서 나와
사랑에 빠지거나 죽여 버리면 어떻게 되죠? 만약 과거로 가서 부
모님의 결혼을 방해해 버리면?**

시간 여행의 모든 모순과 맹점에 대한 질문이군요.

작가는 머리를 긁적였다.

작가들은 오랫동안 이런저런 방법을 구상했고, 그 방법에 따라
생겨나는 갈등을 극적인 장치로 썼지요. 한번 정리해 볼까요?

SF 작가들이 상상한 다양한 시간 여행의 효과

1. 과거가 바뀌면 미래가 바뀐다

영화 〈백 투 더 퓨처〉1985 에서는 과거를 바꾸면 미래가 바뀌어요. 가장 쉽게 떠올릴 수 있는 생각이죠. 주인공이 우연히 부모님의 결혼을 방해하는 바람에 자기가 사라질 위기에 처하는 것처럼요.

레이 브래드버리Ray Bradbury 의 단편선 《레이 브래드버리》에 수록된 〈우렛소리〉1952 는 시간 여행을 해서 공룡 사냥을 하는 세계가 배경이에요. 과거에 영향을 주지 말고, 죽기 직전의 공룡만을 죽여야 하죠. 하지만 주인공이 실수로 나비 한 마리를 죽이면서 미래가 전부 변해 버려요.

이 소설이 '나비 효과'라는 말의 유래라고 해요. 이 말은 미국의 한 기상학자가 "브라질에서 한 나비가 날갯짓을 하면 텍사스에 돌풍이 올 수도 있다."라는 강연을 하며 유명해졌지요.

2. 과거를 바꾸면 평행 세계가 생겨난다

이 논리에서는 과거를 바꾸면 새로운 평행 세계가 생겨서 기존의 미래 세계는 변하지 않는다고 하죠.

저 유명한 〈드래곤볼〉이 이 평행 세계 이론을 썼어요. 현재 세계의 미래는 변하지만, 미래에서 온 트랭크스의 미래 세계는 아무 변함이 없지요.

3. 역사는 본래대로 되돌아가려는 성질이 있다

이건 과거를 바꿀 수는 있지만 정말 어렵거나, 아주 작은 것만 바꿀 수 있다는 설정이에요.

코니 윌리스Connie Willis 의 '옥스퍼드 시간 여행 시리즈'가 이 설정을 썼어요. 《개는 말할 것도 없고》1997 에서 역사학도들은 과거로 가서 화재로 사라지기 직전의 작은 물건들을 가져오죠. 죽을 위기에 처한 고양이 하나를 구하려고 애를 쓰고요. 스티븐 킹의 《11/22/63》2011도 비슷하다면 비슷한 설정인데, '역사는 자존심이 세다.'라는 재미있는 표현을 써요. 주인공은 과거로 가서 케네디 암살을 저지하려고 하지만 우연한 사건들이 무수하게 일어나 계속 실패할 위기에 처하죠. 온 우주가 역사를 바꾸는 것을 방해하는 거예요.

4. 영혼이나 정신만이 이동한다

물질은 과거로 갈 수 없지만, 영혼이나 정신은 과거로 갈 수 있어서 과거 어떤 인물의 몸으로 이동한다는 설정이죠. 이러면 주위 사람들은 뭐가 문제인지 모르게 되니, 모순이 생겨나지 않지요. 일본 만화 《지평선에서 댄스》2007나 《루카와 있었던 여름》2001, 김보영 작가의 단편 〈0과 1 사이〉 2009가 이 설정을 쓰죠.

 하지만 과거의 '나'를 만나는 건 상상이 안 되네요.

 그러게요. 모순이 있네요. 그렇게 되면 최소한 과거의 나에게 미래의 나를 만난 기억이 있어야 하잖아요.

 네, 온갖 문제가 생기죠.

이를테면 5분 뒤의 내가 5분 전으로 가서 나를 만난다고 해 봐요. 그리고 10분 전의 내가 10분 전의 나를 찾아와서 세 명이 한자리에 모일 수 있죠. 그리고 15분 뒤……. 이런 식이면 나로 우주를 가득 채울 수도 있게 돼요.

그래서 과거의 나를 만나면 물질과 반물질이 만난 것처럼 대폭

발이 일어난다는 상상을 하는 SF도 있어요.

《파사드》 시노하라 우도 篠原 烏童, 1991

이 만화의 주인공 파사드는 〈닥터 후〉의 닥터처럼 여러 시공을 넘나드
는 사람이죠. 파사드가 자신의 부모님을 만나는 에피소드가 있어요. 파사
드는 그 세계의 여러 평행 세계를 다 돌아보지만, 자신을 낳고 행복해지는
부모님이 있는 세계만은 갈 수가 없어요. 그러면 자기 자신을 만나게 되니
까요.

《아인슈타인의 꿈》 앨런 라이트먼 Alan Lightman , 1992

이건 아인슈타인의 상대성 이론을 토대로 만든 시적인 단편집이에요. 이 책의 한 에피소드에 나오는 시간 여행자들은 규칙상 아무것도 바꿀 수 없기 때문에 친구도 가족도 없이 노숙자로 길에서 불행하게 살며 흘러 다니고 있어요. 우리는 그들이 시간 여행자인 줄 알지 못하고요.

《시간 여행자의 아내》 오드리 니페네거 Audry Niffeneger , 2003

이 작품은 '자기 자신을 만난다'라는 모순을 전부 받아들인 재미있는 소설이에요. 주인공은 자신의 의지와 상관없이 무작위로 시간 여행을 하는데, 과거의 자기 자신의 전 역사에 나타나는 것은 물론 미래에 자신의 아내가 될 여자의 인생에 아주 어릴 때부터 계속 나타나요. 부모의 장례식이나 자신의 결혼식 같은 중요한 사건에는 미래에서 온 자기 자신이 득시글거리지요.

 상덕의 SF Talk!

〈너희 모든 좀비들은……〉 로버트 A. 하인라인, 1958

《하인라인 판타지》에 수록된 이 이야기도 시간 여행의 모순을 전부 받아들인 탁월한 작품이죠. 〈타임 패러독스〉라는 영화로도 만들어졌어요.

부모에게 버려져 고아원에서 살던 한 여자가 어떤 남자와 하룻밤의 사랑에 빠지지만, 남자는 떠나고 아이도 잃어요. 설상가상으로 아이를 낳다가 자신이 양성구유인 것을 알게 되고, 여성성을 잃고 남자가 되죠. 슬퍼하던 주인공은 한 바텐더의 도움으로 과거로 가죠. 그래서 과거에서 한 여자를 만나 아이를 갖게 되는데, 바텐더는 아이를 훔쳐다가 고아원에 보내요.

눈치채셨을지도 모르겠지만, 이 소설에 등장하는 사람은 모두 한 사람이에요. 주인공은 이후 바텐더가 되어 자기 자신을 만나 돕게 되죠.

 공순의 과학 Talk!

평행 우주나 다원 우주에 대해 관심이 생겼다면 《맥스 테그마크의 유니버스》2014 를 보는 것도 추천해요. 시간 여행이 평행 우주로의 이동이며 또 차원 여행이기도 하다는 가능성을 설득력 있게 묘사하죠.

 맞다, 저는 또 궁금한 게 있는데요.

질문 3: 시간 여행을 해 버리면 그곳의 모든 것이 변해 있지 않을까요? 없던 건물이 생겼거나 지형이 변할 수도 있는데, 그러면 어떻게 하나요?

실은 그 문제는 타임머신을 처음 만든 웰스부터 생각했던 거예요. 그래서 웰스는 타임머신이 하늘을 날 수 있게 설계했죠.

더해서 실은 지구와 태양과 은하는 다 움직이고 있죠. 시간 여행을 하려면 달이나 화성에 갈 때 행성의 이동 좌표까지 고려해야 하는 것처럼 미래의 지구 좌표까지 고려해야 한다고 생각해요.

그런 상상에 근거한 작품으로 〈시간 여행자의 허무한 종말〉[1994] 도 있죠. 한국 SF작가 듀나의 초기 단편인데, 시간 여행자가 시간을 여행하지만 지구가 이동하는 바람에 우주 한복판에 떨어져 죽고, 대륙의 이동 때문에 바다에 떨어져 죽고, 그런 식으로 계속 죽게 되는 이야기예요.

하지만 저는 관성의 법칙에 의해서, 지구를 떠나지 않는 한 시간 여행자도 지구와 함께 이동하지 않을까 해요. 기차에서 공을 위로 던지면 이론상 기차가 움직이니까 공이 한참 뒤에 떨어져야 할 것 같지만 그렇지 않잖아요, 제자리에 내려오지. 관성이 공을 같이 이동시키거든요.

○ ○ ○

시간 여행은 인과율이 무너지기 때문에 불가능해 보이지만, 실은 인과율이 무너지기 때문에 다양한 상상이 가능하죠. 그게 소설적으로 재미있는 점 아니겠어요.

《아인슈타인의 꿈》에서는 인과율이 일상에서도 실제로 뒤집히고 있다는 시적인 상상을 해요.

어떤 사람이 갑자기 우울해지고 성격도 나쁘게 변해요. 그래서 친구들이 떠나고 직장도 잃게 되죠. 그러면 이 사람은 우울해져서 친구들과 직장을 잃은 것일까요, 아니면 친구들과 직장을 잃어서 우울해진 걸까요?

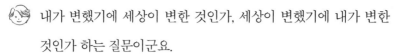 내가 변했기에 세상이 변한 것인가, 세상이 변했기에 내가 변한 것인가 하는 질문이군요.

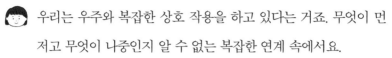 우리는 우주와 복잡한 상호 작용을 하고 있다는 거죠. 무엇이 먼저고 무엇이 나중인지 알 수 없는 복잡한 연계 속에서요.

그리고 남은 이야기

질문 4: 다차원을 다룬 SF도 있나요?

 작가의 SF Talk!

《플랫랜드》에드윈 A. 애벗 Edwin Abbott Abbott , 1884

《프랑켄슈타인》과 함께 최초의 SF로 부를 만한 작품이죠. 수학자인 저자가 차원에 대한 이해를 돕기 위해 만든 소설이에요. 차원학을 쉽게 설명하는 탁월한 작품이라 많은 대학에서 교과서로 쓰였어요.

이 소설은 차원이 하나가 줄어든 2차원 세계가 배경이에요. 이곳 사람들은 자신을 위에서 내려다볼 수 없고 옆에서만 볼 수 있기 때문에 서로를 선으로밖에 인식하지 못해요. 하지만 '사각형'이 3차원의 '구'를 만나면서 혁명적인 체험을 하게 되죠. 3차원 세계 사람들은 '위'에서 2차원 세계 사람들을 보면서 그들을 '들어서' 여기에서 저기로 옮기기도 하고, 몸을 좌우로 뒤집어 버리기도 해요.

 이 작품의 훌륭한 점은, 차원을 하나 높여서 생각했을 때 우리가 4차원 세계 사람을 만나면 어떻게 인식하게 될지 예상하게 한다는 거죠.

《용기의 별》 야마다 요시히로 山田 芳裕, 2000

이 만화에서는 화성에 간 사람이 4차원의 존재와 조우해요. 이 존재는 3차원 전개도처럼 생겼고, 이해할 수 없는 방식으로 변형되죠. 사람의 바깥과 내장을 뒤집어 버리기도 하고요.

《끝없는 시간의 흐름 끝에서》 고마쓰 사쿄, 1965

이 소설에서도 4차원 세계와의 조우가 등장해요. 달리는 차 옆에 사람이 갑자기 나타난다든가 불가능한 공간에 물질이 끼어 있다는 식의 묘사가 등장하죠.

질문 5: 미래로의 시간 여행은 가능한가요?

우리는 모두 지금 미래로 시간 여행을 하고 있죠. 1분 후로 가는 데에 1분이 걸리고, 1년 후로 가는 데에 1년이 걸릴 뿐이죠.

자동차를 타면 조금 빨리 미래로 갈 수 있어요. 움직이고 있으면 미세하게나마 시간이 줄어드니까요.

여행을 많이 하면 오래 살 수 있겠군요!

미묘한 차이지만 사실이긴 해요.

인공 동면을 해서 미래로 간다는 SF도 많아요. 캡틴 아메리카도 동면을 해서 과거에서 미래로 가잖아요.

🪐 상덕의 SF Talk!

인공 동면

동물들의 겨울잠과 수면 시 생체 리듬이 느려진다는 사실에 착안한 설정이에요. 기온을 극단적으로 낮춰 강제로 수면한 뒤 미래에 깨어나는 거죠. 장거리 우주여행 SF에 많이 등장해요. 하지만 인체 실험의 윤리적 문제 등으로 아직 현실에서는 불가능한 기술이지요.

우리는 실제로 과거를 보고 있어요. 저 우주를 보면요. 저 하늘의 별들은 모두 몇 광년, 혹은 수십, 수백 광년 밖에서 오는 것이니까요. 우리가 보는 별들은 지금은 존재하지 않을 수도 있어요. 밤하늘은 실은 제각기 다른 과거에서 온 허상인 셈이지요.

다섯이 대화를 끝내고 나니 봉봉은 사라져 있었다. 사라진 자리에는
'고마웠어요.'라는 글자만 콜라로 삐뚤삐뚤 쓰여 있었다.

"아쉽네요. 즐거웠는데."

직원이 말했고 모두들 각자의 감상에 젖었다.

 'SF를 보는 게 과학 공부에 도움이 될 수도 있겠군⋯⋯.'

 'SF가 인류를 구한다!'

 'SF는 참으로 철학적이군.'

 '재미있었어! 오늘 들은 SF를 집에 가서 찾아 읽어 봐야지!'

 '봉봉은 집에 잘 갔을까⋯⋯.'

"우리, 아침이라도 먹고 헤어질까요?"

문을 열고 나가며 기자가 말했다.

"그렇지! 가기 전에 SF 이야기 조금만 더 해 주세요!"

직원이 팔짝팔짝 뛰며 말했다.

"그래요. 나도 궁금해진 게 많으니까."

질문 1: SF 작품에도 유행이나 흐름이 있었나요?

분식집에서 기자가 묻자 상덕이 에헴, 하고 목을 가다듬었다. 공순이
"아이고, 또야." 하고 고개를 도리도리 저으며 밥상에 푸욱 엎어졌다.
"아아, 다시 밤을 새우게 되겠군."

🙂 1930년대까지는 소위 말하는 펄프 픽션이 유행했어요. 통속적
인 싸구려 SF들 말예요. 하지만 30년대 말에 발표된 냇 샤흐너
Nat schachner 의 시간 여행 단편 소설인 〈선조의 목소리 Ancestral
Voices 〉1933 가 SF에 대한 진지한 관심을 불러일으켰죠. 마침 독일
에서 히틀러가 나라를 파시즘으로 몰아가던 때였거든요. 주인공이
과거로 시간 여행을 해서 히틀러를 비롯해서 게르만 민족 전체의
시조인 한 사람을 죽이면서 인류 현대사가 격변하는 내용이에요.

👩 비슷한 영화를 본 것 같아요. 히틀러를 죽이는 스파이 작전이라
든가……

🧑 역시, 과거를 바꾼다면 다들 히틀러부터 없앨 생각을 하는 거군요.

🙂 그런 작품들을 본 독자들이 SF로도 현실을 비판하는 문학을 담
을 수 있다는 점에 주목하게 되었죠. 그러면서 인문학적 깊이에
과학 기술적인 상상력이 더해진 작품들이 쏟아지면서 40년대에
이른바 '황금시대'가 시작되었어요.
60년대에는 베트남전에 반대하는 운동과 프랑스의 68 혁명에 히
피 문화가 겹치면서 SF에도 큰 영향을 주었죠. 과학 기술이라는

소재의 한계에서 벗어나 형이상학적이고 전위적인 작품들이 등장했어요. 이 움직임을 '뉴웨이브 SF'라 불러요. 제임스 그레이엄 밸러드 James Graham Ballard 등이 대표적인 작가죠.

뉴웨이브 SF는 80년대 중반까지 지속되다가 자연스럽게 소멸했어요. 그즈음부터 냉전이 식고 국제 사회의 긴장이 완화된 것과 무관하지 않을 거예요.

80년대 중반부터는 '사이버펑크'라는 새로운 조류가 발생해요. 윌리엄 깁슨 William Gibson 의 《뉴로맨서》1984 를 시작으로 많은 사이버펑크 SF 작품들이 컴퓨터 전자 기술과 정보 통신 네트워크에 익숙하고 기존의 가치관이나 고정 관념에 반발하는 젊은 세대의 인기를 끌었죠.

사이버펑크에 나오는 설정들은 현실 사회에도 많은 영향을 끼쳤어요. 닐 스티븐슨 Neal Stephenson 의 《스노크래시》1992 는 컴퓨터 가상 공간에서 나를 대신해 주는 캐릭터인 '아바타'라는 개념을 만들었는데, 이 개념은 지금 우리의 현실에서 그대로 쓰이고 있죠.

……그런데 공순, 너 뭘 적고 있는 거야?

공순은 스마트폰에 적던 것을 감췄다.

 아, 아무것도 아냐!

 아항, 너도 슬슬 SF가 보고 싶어진 거지? 그렇지?

 아니라니까!

질문 2: SF 고전을 계속 읽어야 할까요?

옆에서 공순과 상덕이 투닥거리는 사이에 작가가 답했다.

거꾸로가 아닐까요? 사람들이 많이 읽는 것이 SF 고전이 되지요.
어떤 작품이 50년을 가면 영원히 간다고 해요. 한번 시대를 넘은
작품은 영원히 갈 수 있지만, 시대를 넘어서 사랑받는 게 또 그
만큼 어렵다는 뜻이겠죠.

고전에는 '고전의 품격'이 있어요. 《프랑켄슈타인》만 해도 200년
전 작품이지만 지금 읽어도 깊은 울림을 주잖아요. 다른 문학과
마찬가지로, SF 고전을 보는 건 그 장르를 이해하는 지름길이죠.
그래도 SF에서 고전은 계속 갱신되고 있어요. 시대가 변하면서
높이 평가받던 작품이 탈락하고 새롭게 높이 평가받는 작품도
나오지요. 최근의 휴고상 수상작이나 후보작들은 과학 기술적 상
상 이전에, 철학적이고 사회적인 이슈를 많이 다루고 있어요. 페
미니즘이나 성소수자, 사회적 약자에 대한 생각은 한국 SF에서
도 중요한 이슈지요.
최근 3년 연속 휴고상 장편 부문을 수상한 N. K. 제미신 N. K.
Jemisin 의 《다섯 번째 계절》2015 은 인류의 모든 차별의 역사에 대
해 이야기해요.

 《다섯 번째 계절》······.

 역시 적고 있잖아!

피, 필기야! 습관이라고!

질문 3: 나라마다 SF의 스타일이 다른가요?

 SF도 문학이니 당연히 그 나라의 문화를 반영하지요.

한국에서는 아무래도 지금까지는 영미권 SF가 많이 번역되었어
요. 하지만 중국 대표 SF 작가 류츠신이《삼체》로 휴고상을 수상
한 이후로 중국에 SF 붐이 일고 있고, 중국의 역사와 동양 사상
을 기반으로 한 SF가 쏟아져 나오고 있어요. 한국에도 조금씩 번
역이 되고 있고요.

《삼체》는 문화대혁명이라는 중국의 현대사와 외계 문명을 소재
로 하지요.《삼체》에 이어서 휴고상을 수상한 하오징팡 郝景芳 의
〈접는 도시〉 2012 도 좋아요. 단편집《고독 깊은 곳》에 수록된 이
작품에서는 밤이 되면 도시가 접히고, 시간별로 계급에 따라 도
시를 다르게 사용해요. 같은 넓이의 도시를 부자들은 극소수가
누리고, 가난한 사람들은 엄청나게 많은 사람들이 복작복작 써야
하지요. 계급 간 이동이 단절되어 버린 현대 중국 사회를 풍자한
작품이에요.

기자가 공순을 슬쩍 보며 물었다.

 제가 오늘 적은 SF 목록 보내 드릴까요?

그, 그래 주실래요?

질문 4: SF는 반드시 미래를 다뤄야 하나요?

물론 그렇지 않죠.

SF에서 미래는 실제 미래라기보다는 현실에 대한 성찰로서 나타나요. 현재의 과학 기술이 우리의 미래를 어떻게 만들어 갈지 사고 실험을 하는 거죠.

그러니 꼭 미래만을 다루어야 할 필요는 없어요. 현재나 과거를 다르게 상상하는 것으로도 현재를 성찰할 수 있죠. 작은 사건으로 변해 버린 가상의 역사를 상상하는 것으로 미래를 어떻게 바꿀 수 있을지 상상할 수 있겠지요.

물론 SF는 가깝든 멀든 미래를 상상하는 경우가 많아요. 현실의 부조리와 모순을 파헤치기에 좋은 방법이니까요.

SF는 진보적인 문학이라고 해요. 지금과 다른 세계를 상상하니까요. SF는 우리가 미래에는 지금과 다른 세상에서 살 것을 늘 생각하고, 그런 사고 실험으로 미래를 바꿀 수 있다는 것까지도 상상해요. 과거는 지나갔고 현재는 이 순간에 사라져 버리지만, 미래는 얼마든지 새로 만들어 갈 수 있으니까요.

그럼요. SF를 통해서!

도움 주신 분들

이 책은 인터넷 설문 조사로 모집된 실제 질문을 토대로 구성되었습니다.

Chapter 1

질문자: **쌍화탕**
질문 1: 로봇에게 사람의 인격을 넣으면 그 로봇은 그 사람일까요,
아니면 그 인간을 흉내 내는 로봇일까요?

질문자: **조찬근, 아땨, 쌍화탕**
질문 2: 클론에게 내 기억을 이식하면 이 클론은 같은 '나'일까요?

Chapter 2

질문자: **이문영, 김민주**
질문 1: 로봇은 살아 있을 수 있을까요? 만약 로봇이 스스로 생각
하고 판단할 수 있다면, 그 로봇은 살아 있는 것일까요?

질문자: **사산소화합물**
질문 2: 로봇이 인간과 구분이 불가능한 수준까지 발전한다면 로봇
과 인간을 구분하는 게 의미가 있을까요? 만일 구분해야
한다면 어디까지를 인간이라고 불러야 할까요?

질문자: **이민주**
질문 3: 로봇과 인간이 서로 사랑할 수 있을까요?

질문자: **Thrawn**
질문 4: 로봇이 인간 이상의 존재가 되면 인간을 대체하게 될까요?

Chapter 3

질문자: **이은이, 사산소화합물, lvi**
질문 1: 몸을 기계로 바꿀 수 있는 세상이 온다면 성별에 의미가 있
을까요? 그때에도 성별의 구분이나 차별이 있을까요?

질문자: **김송경**
질문 2: 지구가 아닌 어딘가에는 제3의 성도 있을까요?

질문자: **박지윤**
질문 4: 미래에는 남자도 아이를 낳을 수 있을까요?

질문자: **전무성, 김송경**
질문 5: 한쪽 성별이 모두 사라지면 어떻게 될까요?

Chapter 4

질문자: **이정곤**
질문 1: 만약 사람들의 생각을 모두 데이터로 바꾸어 정보화할 수 있다면 어떻게 될까요? 진정한 직접 민주주의가 이루어질까요?

질문자: **사산소화합물**
질문 2: 정보 기술의 발전은 도덕의식을 바꾸죠. 극단적인 정보화 시대, 도덕에 대한 인식은 어떻게 변화할까요?

질문자: **멋진 징조**
질문 3: 앞으로 10년, 50년 안에 컴퓨터, 휴대폰처럼 우리 생활을 크게 바꿀 물건이나 개념이 나온다면 어떤 것일까요?

질문자: **동그리, Thrawn**
질문 4: 지금 세계가 〈매트릭스〉처럼 누군가가 만든 시뮬레이션일 수도 있을까요?

Chapter 5

질문자: **사산소화합물, cojette**
질문 1: 인간이 초능력을 가질 수 있을까요? 가질 수 있다면 어떤

원리로 구현될까요?

질문자: **연두왜성**
질문 3: 모든 사람이 서로의 생각을 읽을 수 있게 된다면 어떻게 될까요? 왜곡된 프로파간다나 여론 조작은 더 이상 통하지 않을까요?

질문자: **Stonevirus(배윤호)**
질문 4: 인간의 수명은 어디까지 늘어날 수 있을까요?

질문자: **mega(박준호)**
질문 5: 인간이 영생할 수 있다면, 감정이 퇴화하지 않을까요?

질문자: **허니리프**
질문 6: 반려동물이 진화하여 그들과 대화할 수 있게 된다면?

질문자: **김현태**
질문 7: 어느 날 지구상의 모든 신생아가 눈이 하나로 태어나기 시작한다면?

Chapter 6

질문자: **멋진 징조**
질문 1: 지구가 멸망하게 된다면 원인이 뭘까요? 지구 온난화? 핵전쟁? 인구 감소?

질문자: **cojette**
질문 2: 지구 종말의 날이나 미래를 컴퓨터로 예측하는 게 가능할까요?

질문자: **쯔메**
질문 3: 종말이 온다면 지구인들이 모두 안전하게 살 수 있는 외부

행성을 찾아 이주할 수 있을까요?

질문자: **장혜지**
질문 4: 3000년대에도 지구가 존재하고 인류가 살아 있을까요?

질문자: **김주하**
질문 6: 지구가 폭발한다면 우주는 어떻게 될까요?

Chapter 7

질문자: **동그리, 박지윤**
질문 1: 사후 세계의 비밀이 밝혀진다면 어떻게 될까요?

질문자: **강현욱**
질문 2: 사후 세계가 없다는 것이 증명되면 어떻게 될까요?

질문자: **lvi**
질문 3: 기술의 힘으로 사후 세계를 만들 수도 있을까요?

Chapter 8

질문자: **Stonevirus(배윤호), 이모니카**
질문 1: 우주 공간에 행성 간 왕래가 가능한 은하철도를 만들 수 있
        을까요?

질문자: **정수현**
질문 2: 지구에서 우주까지 가는 엘리베이터가 만들어질 수 있을까요?

질문자: **엽기부족**
질문 3: 지구 인류가 화성을 테라포밍하면 어떻게 될까요? 정말 인
        류의 미래는 화성 이주에 달려 있을까요?

질문자: **이모니카**
질문 4: 블랙홀에 빠지면 어떻게 되나요?

질문자: **안성수**
질문 5: 이 광활한 우주에서 미약한 인간의 존재 의미는 무엇일까요?

질문자: **정수현**
질문 6: 행성들을 밀어서, 또는 당겨서 거리를 좁혀 놓으면 어떻게
될까요?

질문자: **우현민**
질문 7: 우리가 살고 있는 우주도 결국엔 하나의 세포가 아닐까요?

Chapter 9

질문자: **이미현**
질문 1: 이 우주에 인간과 같은 생명체가 또 있을까요?

질문자: **박지윤**
질문 2: 왜 SF 영화나 드라마에서 외계인의 모습은 모두 전형적이죠?

질문자: **이정곤, Thrawn**
질문 4: 외계인이 아니라 인류가 다른 외계 행성을 침략하는 일은
없을까요?

질문자: **이문영**
질문 5: 인류가 만약 우리보다 지적 수준이 낮고 폭력적인 외계인
과 만난다면 어떻게 대화를 나눌 수 있을까요?

Chapter 10

질문자: **김현우**

질문 1: 타임머신은 빛보다 빨라야 가능하다던데 사실인가요?

질문자: **cojette, 알로에, 연두왜성, 민찬혁**
질문 2: 과거로 가서 나 자신을 만나면 어떻게 되나요? 거기서 나와 사랑에 빠지거나 죽여 버리면 어떻게 되죠? 만약 과거로 가서 부모님의 결혼을 방해해 버리면?

질문자: **엽기부족**
질문 3: 시간 여행을 해 버리면 그곳의 모든 것이 변해 있지 않을까요? 없던 건물이 생겼거나 지형이 변할 수도 있는데, 그러면 어떻게 하나요?

`Epilogue`

질문자: **잉블**
질문 1: SF 작품에도 유행이나 흐름이 있었나요?

질문자: **lvi**
질문 2: SF 고전을 계속 읽어야 할까요?

질문자: **안성수**
질문 3: 나라마다 SF의 스타일이 다른가요?

질문자: **장혜지**
질문 4: SF는 반드시 미래를 다뤄야 하나요?

SF는 인류 종말에 반대합니다

초판 1쇄 발행   2019년 3월 28일
초판 5쇄 발행   2021년 6월 18일

지은이 • 김보영, 박상준
감수 • 이지용

펴낸이 • 박선경
기획/편집 • 이유나, 홍순용, 강민형, 오정빈
마케팅 • 박언경
표지 디자인 • dbox
본문 디자인 • 디자인원
본문 일러스트 • 자토
제작 • 디자인원(031-941-0991)

펴낸곳 • 도서출판 지상의 책
출판등록 • 2016년 5월 18일 제2016-000085호
주소 • 경기도 고양시 일산동구 호수로 358-39 (백석동, 동문타워 I) 808호
전화 • 031)967-5596
팩스 • 031)967-5597
블로그 • blog.naver.com/jisangbooks
이메일 • jisangbooks@naver.com
페이스북 • www.facebook.com/jisangbooks

ISBN 979-11-961786-5-9/43400
값 14,800원

이 도서의 국립중앙도서관 출판예정도서목록(CIP)은 서지정보유통지원시스템 홈페이지 (http://seoji.nl.go.kr)와 국가자료공동목록시스템(http://www.nl.go.kr/kolisnet)에서 이용하실 수 있습니다.(CIP제어번호: CIP2019008357)